"十四五"职业教育国家规划教材

"十三五"职业教育国家规划教材
职业教育工业机器人技术应用专业"十三五"规划系列教材

工业机器人认知

汪振中　主编

中国铁道出版社有限公司
CHINA RAILWAY PUBLISHING HOUSE CO., LTD.

内 容 简 介

本书根据职业教育学生的认知规律编写，强调实用为主，理论为辅。内容通俗易懂，图文并茂，少有繁难公式，读者能够迅速对工业机器人建立整体概念，了解工业机器人的技术特点和发展规律，为进一步深入学习工业机器人相关技术奠定基础。

主要内容包括：机器人初识、工业机器人本体结构认知、工业机器人运动学认知、工业机器人控制与驱动系统认知、工业机器人感觉系统认知。

本书不仅适合作为职业院校工业机器人技术相关专业的教材，还可作为工业机器人维修人员和工业机器人技术爱好者的自学用书。

图书在版编目（CIP）数据

工业机器人认知/汪振中主编.—北京：中国铁道出版社有限公司，2019.5（2024.11重印）
职业教育工业机器人技术应用专业"十三五"规划系列教材
ISBN 978-7-113-25763-7

Ⅰ.①工… Ⅱ.①汪… Ⅲ.①工业机器人－职业教育－教材
Ⅳ.① TP242.2

中国版本图书馆 CIP 数据核字（2019）第 087776 号

书　　名：**工业机器人认知**
作　　者：汪振中

策划编辑：李中宝　　　　　　　　　　　编辑部电话：（010）83527746
责任编辑：李中宝　陈　文
封面设计：刘　颖
责任校对：张玉华
责任印制：赵星辰

出版发行：中国铁道出版社有限公司（100054，北京市西城区右安门西街8号）
网　　址：https://www.tdpress.com/51eds
印　　刷：三河市国英印务有限公司
版　　次：2019 年 5 月第 1 版　2024 年 11 月第 10 次印刷
开　　本：787 mm×1 092 mm　1/16　印张：8.75　字数：213 千
书　　号：ISBN 978-7-113-25763-7
定　　价：36.00 元

版权所有　侵权必究

凡购买铁道版图书，如有印制质量问题，请与本社教材图书营销部联系调换。电话：（010）63550836
打击盗版举报电话：（010）63549461

职业教育工业机器人技术应用专业"十三五"规划系列教材

编审委员会

主　任：周　健

副主任：王珺萩　葛华江

成　员：（按姓氏笔画排列）

　　　　李关华　杨利静　汪振中　张　祁

　　　　陈绪龙　郑　直　高国雄　唐江微

　　　　程建忠

序

　　随着制造产业的转型升级，工业4.0的推进，工业机器人的应用呈逐年快速增长态势。为认真贯彻落实《中国制造2025》和关于加快发展现代职业教育的决定，加快建设现代职业教育体系，推进职业教育改革发展，2012年，上海信息技术学校顺应技术的变迁，向上海市教委申办工业机器人技术应用专业，并于2013年招收第一届工业机器人技术应用专业学生。2014年，学校成功申报上海市职业教育现代控制技术开放实训中心，以工业机器人技术应用实训设施为主，次年10月完成建设任务。2017年以"面向智能制造的专业创新模式与实践——以工业机器人应用与维护方向为例"获得上海市职业教育教学成果一等奖。

　　在经过一轮教学实践后，学校面临着专业师资、实训设备、课程体系、培训认证等资源缺乏的难题，特别是教材、教学资源严重匮乏，阻碍了人才培养的进程，因此，开发课程资源，编写适合职业教育的专业教材，成为当务之急。经过两年左右的准备，学校成立工业机器人技术专业教材编委员，特聘机器人企业专家和职教专家，组成了编写团队，本套丛书以工业机器人系统操作和维护为侧重角度，采用任务驱动模式编写，精心设计教材内容，配套完整的课程辅助资源，实现教材立体化。

　　本套丛书以典型工业机器人应用实例向读者介绍了工业机器人技术应用领域的系统技能，面向中、高职学生和工业机器人系统操作员、工业机器人运维人员，介绍了使用示教器、操作面板等人机交互设备及相关机械工具，对工业机器人、工业机器人工作站或系统进行装配、编程、调试、工艺参数更改、工装夹具更换及其他辅助作业，也着重介绍了使用工具、量具、检测仪器及设备，对工业机器人、工业机器人工作站或系统进行数据采集、状态监测、故障分析与诊断、维修及预防性维护与保养作业等内容。

　　由于工业机器人技术应用专业是一个全新的领域，我们也是边学边写，书中难免有不当之处，请各位读者批评指正。最后感谢上海市教委教学研究室袁笑老师和台湾师范大学戴建耘老师的大力支持，感谢为本套丛书制作了教学视频资源的上海优信教育科技有限公司。

王珺萩

2019年5月20日于上海

前　言

根据《国家中长期教育改革和发展规划纲要（2010—2020年）》的精神，切实推进职业教育课程改革和教材建设进程，我们依据理实一体化课程改革理念，以学习任务为导向的课程模式，编写了工业机器人技术方向的系列课程教材。《工业机器人认知》既是自动化各专业必修的基础教材之一，也是系列课程教材之一。

本教材与教学资源的设计和编制同步进行，是相关课程教学的配套教材。本教材的主要特色有：

1. 强调实用为主，理论为辅。

2. 以能力为本位，以就业为导向，面向最贴近生产实际的教学任务。

3. 体现职业教育学生的认识规律，知识点介绍以应用为主，图文并茂，通俗易懂。

4. 以培养学生对工业机器人工作原理及应用场合的理解能力为目标，表现为：一是知道；二是知其然且知其所以然。

5. 以实际工业机器人应用技术技能为主要学习内容，少有抽象理论和公式推导，使读者能迅速建立工业机器人整体概念，为进一步深入学习工业机器人相关技术奠定基础。

6. 本教材是课程教学的组成部分，其课程设计采用了文字、图像、动画、视频、虚拟仿真等多媒体教学形式，最终形成纸质教材、教学PPT、学习工作页、教学资源包、虚拟仿真软件相互配套的课程包。

本课程及配套教材是校企合作共同开发的成果，适应各校工业机器人技术应用等专业教学，希望各校在选用本项目课程教材实施教学的过程中，及时提出意见和建议，以便在修订时改正和完善。

编者

2019年2月

目　录

项目一
机器人初识

定义

发展史及
发展趋势

安全
操作规程

分类
及应用

工业机器人应用
现状及发展趋势

　　随着电子技术、计算机技术、工业自动化的飞速发展，人类机械式的重复劳动已逐渐被各种机械所取代，机器人的应用已经广泛渗透到社会的各个领域，工业机器人的应用程度是衡量一个国家工业自动化水平的重要标志。当前，世界各国都在积极发展新的科技生产力，在未来10年，全球工业机器人行业将进入一个前所未有的高速发展期。曾有专家预言：研究和开发新一代机器人将成为今后科技发展的新重点，而且机器人产业不论在规模上还是资本上都将大大超过今天的计算机产业。因此，全面了解机器人知识，具备娴熟的机器人操作技能，也成为衡量21世纪高素质人才的基本要素之一。

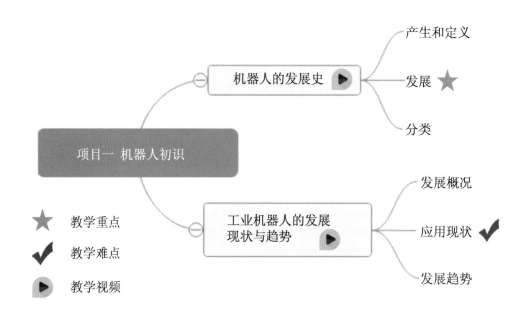

项目一 机器人初识

机器人的发展史 ▶
　　产生和定义
　　发展 ★
　　分类

工业机器人的发展现状与趋势 ▶
　　发展概况
　　应用现状 ✔
　　发展趋势

★ 教学重点
✔ 教学难点
▶ 教学视频

任务目标

- 通过学习机器人发展历程，了解我国机器人的发展状况，增强民族自豪感。
- 学习机器人的起源、定义、发展历程，分析对比各国机器人在机器人发展中的不同，了解中国在产业上的优势，养成用发展观念看问题的习惯。
- 学习机器人分类、应用，能甄别机器人的类型和应用方向。

知识准备

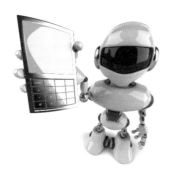

什么是机器人？机器人是怎么产生的？机器人的发展经历了怎样的曲折？

一、机器人的产生和定义

1. 机器人的产生

《列子·汤问》中记载，一个名叫偃师的能工巧匠，用皮革、木料、胶水、漆料制造了自动行走的"机器人"（见图1-1-1）献给周穆王，不仅外形生动，而且还能缓行快跑、表演歌舞，跟真人一样。《墨经》中记载，春秋时代后期，鲁班用竹子和木料制造出一个木鸟，能在空中飞行，"三日不下"，这可称得上世界第一个"空中机器人"。《三国志》中记载，三国时期，诸葛亮创造出"木牛流马"，可以运送军用物资，这可谓是最早的"陆地军用机器人"。还有我国东汉时期张衡发明的指南车和记里鼓车，计里鼓车是利用齿轮传动来记载距离的自动装置，每行一里，车上木人击鼓一下，每行十里，击钟一下。

图1-1-1　我国古代的机器人

不管是3000年前偃师为周穆王制作的能歌善舞的伶人，还是2500年前鲁班发明的木鸟，或是 1900 年前张衡创造的世界上最早的"计程车",或是 1800 年前诸葛亮发明的"木牛流马",都体现了早期机器人的概念,虽然我们不能见到木鸟、木牛流马、指南车等原来的样子,但这些都体现了我国古代劳动人民的智慧,是世界上早期机器人雏形。

(1)概念的出现

机器人的英文 Robot 一词,源自于捷克著名剧作家 Karel Capek(卡雷尔·恰佩克,1890—1938),1921 年创作的剧本《罗素姆万能机器人》。由于剧中的人造机器人被取名为 Robota(捷克语,本意为奴隶、苦力)。因此英文 Robot 一词开始代表机器人。

机器人概念一出现,首先引起科幻小说家的广泛关注,自 20 世纪 20 年代起,机器人成为了很多科幻小说与电影的主人公,如星球大战中的 C3P 等。

科幻小说家的想象力是无限的。为了预防机器人的出现可能引发的人类灾难,1942 年,美国的科幻小说家 Isaac Asimov(艾萨克·阿西莫夫,1920—1992)在《我是机器人》的第 4 个短篇《转圈圈》中,首次提出了"机器人学三原则"(该"三原则"的具体内容见学习拓展模块),它被称为"现代机器人学的基石",这也是"机器人学"这个名词在人类历史上的首度亮相。

图1-1-2 《罗素姆的万能机器人》

显然,人类目前的认知和科学技术的掌握情况,还远未达到科幻片中的机器人的制造水平。能制造出具有类似人类智慧、感情、思维的机器人,仍是当代科学家的梦想和追求。

(2)机器人的产生过程

现代机器人的研究起源于 20 世纪中叶的美国,它从工业机器人的研究开始。

第二次世界大战期间,由于军事、核工厂的发展需要,需要有操作机械来代替人类,在原子能实验室的恶劣环境下,进行放射性物质的处理。为此,美国的 Argonne National Laboratory(阿贡国家实验室)开发了一种可用于放射性物质生产和处理的遥控机械手(Teleoperator)。接着,又在 1947 年,开发出了一种伺服控制的主从机械手(Master-Slave Manipulator),这些可说是工业机器人的雏形。

工业机器人的概念由美国发明家 George Devol(乔治·德沃尔,1912—2011)最早提出,他在 1954 年申请了专利,并在 1961 年获得授权。

1958 年,美国著名的机器人专家 Joseph F.Engelberger(约瑟夫·恩盖尔伯格,1925—2015)建立了 Umination 公司,并利用 George Devol 的专利技术,于 1959 年研制出世界上第一台真正意义上的工业机器人 Unimate(见图 1-1-3),开创了机器人发展的新纪元。

机器人的发展史1

机器人的发展史2

图1-1-3 工业机器人Unimate

Joseph F.Engelberger 对世界机器人工业的发展做出了杰出的贡献，被称为"机器人之父"。1983 年，就在工业机器人销售日渐增长的情况下，他又毅然地将 Unimation 公司出让给了美国 Westinghouse Electric Corporation（西屋电气公司，又译威斯汀浩斯），并创建了 TRC 公司，前瞻性地开始了服务机器人的研发。

从 1968 年起，Unimation 公司先后将机器人的制造技术转让给了日本 KAWASAKI（川崎）公司和英国 GKN 公司，机器人开始在日本和欧洲得到了快速发展。

据有关方面的统计，目前世界上至少有 48 个国家在发展机器人。其中，有 25 个国家已在进行智能机器人的开发。美国、日本、德国、法国等都是机器人的研发制造大国，这些国家无论在基础研究还是产品研发制造等方面都居世界领先水平。

2. 机器人的定义

（1）机器人主要行业协会

随着机器人技术的快速发展，在发达国家，机器人及其零部件的生产已形成产业。为此，世界各国相继成立了相应的行业协会，以宣传、引导和规范机器人产业的发展。目前，世界主要机器人生产与使用国的机器人行业协会如下：

① International Federation of Robotics（IFR，国际机器人联合会）。该联合会成立于 1987 年第 17 届国际机器人学术研讨会期间，目前已有 25 个成员国，是世界公认的机器人行业代表，已被联合国列为正式非政府组织。

② Japan Robot Association（JRA，日本机器人协会）。该协会原名 Japan Robot Industrial Robot Association（JIRA，日本工业机器人协会），它是全世界最早的机器人行业协会之一。

③ Robotics Industries Association（RIA，美国机器人协会）。该协会成立于 1974 年，是美国机器人行业的专门协会。

④ Verband Deutscher Maschinen Und Anlagebau（VDMA，德国机械设备制造联合会）。VDMA 拥有 3 100 多家会员企业、400 余名专家，下设 37 个专业协会，并拥有一系列跨专业的技术论坛、委员会及工作组，它是目前欧洲最大的工业联合会和工业投资产品领域中最大、最重要的组织机构。

⑤ French Research Group in Robotics（FRGR，法国机器人协会）。该协会原名 Association Frencaise de Robotique Industrielle（AFR，法国工业机器人协会），2007 年更名。

⑥ Korea Association of Robotics（KAR，韩国机器人协会），成立于 1999 年。

（2）机器人的不同定义

由于现代机器人的应用领域众多、发展速度快，加上它涉及有关人类的概念，因此，对于机器人，世界各国标准化机构，甚至同一国家的不同标准化机构，至今尚未形成一个统一、准确、为世人所公认的严格定义。

例如，欧美国家一般认为，机器人是一种"由计算机控制、可通过编程改变动作的多功能、自动化机械"。而作为机器人大国的日本，则将机器人分为"能够执行人体上肢（手和臂）的类似动作"的工业机器人和"具有感觉和识别能力，并能够控制自身行为"的智能机器人两个大类。客观地说，欧美国家的机器人定义侧重其控制和功能，其定义和工业机器人较接近；而日本机器人定义更关注机器人的结构和行为特性，并且已考虑到了现代智能机器人的发展需要。

目前，使用较多的机器人定义主要有以下几种：

① International Organization for Standardization（ISO，国际标准化组织）定义：机器人是一种"自动的、位置可控的、具有编程能力的多功能机械手，这种机械手具有几个轴，能够借助可编程序操作处理各种材料、零件、工具、专用装置及执行各种任务"。

② Japan Robot Association（JRA，日本机器人协会）将机器人分为工业机器人和智能机器人两大类：工业机器人是一种"能够执行人体上肢（手和臂）类似动作的多功能机器"；智能机器人是一种"具有感觉和识别能力，并能够控制自身行为的机器"。

③ National Institute of Standards and Technology（NIST，美国国家标准和技术研究所）定义：机器人是一种"能够进行编程，并在自动控制下执行某些操作和移动作业任务的机械装置"。

④ Robotics Industries Association（RIA，美国机器人协会）定义：机器人是一种"用于移动各种材料、零件、工具或专用装置的，通过可编程的动作来执行各种任务的，具有编程能力的多功能机械手"。

⑤ 我国 GB/T 12643—2013 标准定义：工业机器人是一种"能够自动定义控制，可重复编程的、多功能的、多自由度的操作机，能搬运材料、零件或操持工具，用于完成各种作业"。

以上标准化组织对机器人的定义，都是在特定时间中、特定环境下所得到的结论，且偏重于工业机器人。但科学技术对未来是无限开放的，最新研发的现代智能机器人无论在外观、功能还是智能化程度等方面，都已远超过了传统的工业机器人技艺范畴。机器人正在源源不断地向人类活动的各个领域渗透，它所涵盖的内容越来越丰富，其应用领域和发展空间正在不断延伸和扩大，这是机器人与其他自动化设备的重要区别。

可以想象，未来的机器人不但可接受人类指挥、运行预先编制的程序，而且也可以根据人工智能技术所制定的原则纲领，选择自身的行动，甚至可能像科幻片所描述的那样，脱离人们的意志而自行其是。

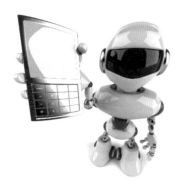

机器人的现代发展水平到底如何？以后会有什么发展趋势？

二、机器人的发展

1. 技术发展水平

机器人最早应用于工业自动化领域，主要用来协助人类完成单调、频繁和重复的长时间工作，或进行高温、粉尘、有毒、易燃、易爆等恶劣、危险环境下的作业。但是，随着社会的进步、科学技术的发展和机器人智能化技术研究的深入，各式各样具有感知、决策、行动和交互能力、可适应不同领域的特殊要求的智能机器人相继被研发。机器人已在某些领域逐步取代人类，独立从事相关作业。

根据机器人现有的技术水平，人们一般将机器人产品分为如下三代：

（1）第一代机器人

第一代机器人一般是指可进行编程，并能通过示教操作[①]再现动作的机器人。第一代机器人以工业机器人为主，它主要被用来协助人类完成图1-1-4所示的单调、频繁和重复的长时间搬运、装卸等作业，或取代人类进行危险、恶劣环境下的作业。

第一代机器人的技术和数控机床[②]十分相似，它既可通过离线编制的程序控制机器人的运动，也可通过手动示教操作（数控机床称为 Teach in 操作）记录运动过程并生成程序，从而再现动作。第一代机器人的全部行为完全由人控制，它没有分析和推理能力，不具备智能性，但可通过示教操作再现动作，故又称为示教再现机器人。

第一代机器人现已实用化、商品化、普及化，当前使用的绝大多数工业机器人都属于第一代机器人。

 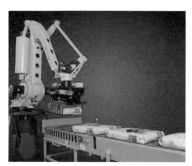

（a）搬运机器人　　　　　　　　　　　　（b）装卸机器人

图1-1-4　第一代机器人

（2）第二代机器人

第二代机器人装备有一定数量的传感器，它能够获取作业环境、操作对象等简单信息，从而通过计算机的分析与处理，进行简单的推理，并适当地调整自身的动作和行为。

例如，在图1-1-5所示的焊接机器人或探测机器人上，通过所安装的摄像头等视觉传感系统，机器人能通过图像识别，进一步判断、规划焊接加工或探测车的运动轨迹，其对外部环境就具有了一定的适应能力。

（a）焊接机器人　　　　　　　　　　　　（b）探测机器人

图1-1-5　第二代机器人

---

① 示教操作：示教盒（器）是一个用来注册和存储机械运动或处理记忆的设备，该设备是由电子系统或计算机系统执行的。该设备可适用于机器人的编程，示教操作即是通过示教器来对机器人进行操作。

② 数控机床：也称为自动化机床，是数字控制机床的简称，是一种装有程序控制系统的自动化机床。

第二代机器人已具备一定的感知能力和简单的推理能力，故又称为感知机器人或低级智能机器人，其中的部分技术已在焊接工业机器人及服务机器人产品中实用化。

（3）第三代机器人

第三代机器人具有高度的自适应能力及多种感知机能，可通过复杂的推理，做出判断和决策，并且能够自主决定其行为。

第三代机器人应具有相当程度的智能性，故称为智能机器人。第三代机器人技术目前多用于家庭、个人服务、军事、航天机器人等领域。总体而言，它尚处于实验和研究阶段。目前，只有美国、日本和欧洲的少数发达国家能掌握和应用该种机器人。

例如，日本 HONDA（本田）公司最新研发的图 1-1-6(a)所示的 Asimo 机器人，不仅能完成跑步、爬楼梯、跳舞等动作，还能进行踢球、倒饮料、打手语等简单智能动作。日本 Riken Institue（理化学研究所）最新研发的图 1-1-6（b）所示的 Robear 护理机器人，其肩部、关节等部位都安装有测力感应系统，可模拟人的怀抱感——它能够像人一样，柔和地将卧床者从床上扶起，或将坐着的人抱起，其样子亲切可爱、充满活力。

(a) Asimo机器人　　　　(b) Robear机器人

图1-1-6　第三代机器人

2. 研发应用情况

自机器人问世以来，由于它不仅能够协助人类完成单调、频繁和重复的长时间工作，而且还能够取代人类从事危险、恶劣环境下的作业，因此得到了世界各国的广泛重视。其中，美国、日本、德国及我国的研发应用情况如下：

（1）美国

美国是机器人的发源地，各方面技术均处于领先地位。美国的机器人的研究领域广泛，产品技术全面、先进，其机器人的理论研究和产品技术水平在全世界占有绝对优势。Adept Technology、American Robot、Emerson Industrial Automation、S-T Robotics、iRobot、Remotec 等都是美国著名的机器人生产企业。美国的机器人研究最初从工业机器人开始，但目前已更多地转向军用、医疗、家用服务等高层次智能机器人的研发。据统计，美国的智能机器人占据了全球约60% 的市场，iRobot、Remotec 等公司的服务机器人技术处于世界领先水平。

美国在军事机器人（Military Robot）、场地机器人（Field Robot）等方面的研究水平更是遥遥领先于其他国家，无论在基础技术研究、系统开发、生产配套方面或是技术转化、实战应用方面都具有优势。

美国的这两种机器人的开发与应用已涵盖陆、海、空、天等多兵种。Boston Dynamics（波士顿动力，现已被 Google 并购）、Lockheed Martin（洛克希德·马丁）、iRobot 等公司，均为世界闻名的军事机器人研发制造企业。其现有的军事机器人产品包括用于监视和勘察的无人驾驶飞行器、用于深入危险领域获取信息的无人地面车、用来承担补充作战物资的多功能后勤保障机器人、武装机器人战车等多种，其技术水平、应用范围均远远领先于其他国家。

例如，美国的"哨兵"机器人不但能识别声音、烟雾、风速、火势等数据，还能说 300 多个单词，并向可疑目标发出口令。如目标不能正确回答，便会迅速、准确地瞄准和射击。再如，Boston Dynamics（波士顿动力）公司研制的 BigDog（大狗）系列机器人的军用产品 LS3（Legged Squad Support Systems，绰号阿尔法狗），重达 1250 lb（约 570 kg）。可在搭配 400 lb（约 181 kg）重物情况下，连续行走 20 miles（约 32 km）。其负载能力相当于一个班，并能穿过复杂地形、应答士官指令；该公司研发的 WildCat（野猫）机器人则能在各种地形上，以 25km/h 以上的速度奔跑跳跃；其最新研发的人形机器人 Atlas（阿特拉斯），其四肢共拥有 28 个自由度，灵活性已接近于人类（如图 1-1-7 所示）。

(a) BigDog-LS3

(b) WildCat

(c) Atlas

图1-1-7 美国的军事机器人

美国场地机器人的研究水平同样令其他各国望尘莫及，其场地机器人的应用领域遍及空间、陆地、水下，并已经应用于月球、火星等天体的探测。

其实早在 1967 年，National Aeronautics and Space Administration（NASA，美国国家航空与航天局）所发射的"海盗"号火星探测器已经能着陆火星，并对土壤等进行采集和分析，以寻找生命迹象。同年，NASA 还发射了"观察者"3 号月球探测器，对月球土壤进行了分析和处理。到了 2003 年，NASA 又接连发射了勇气号（Spirit，MER-A）和机遇号（Opportunity，MER-B）四个火星探测器，并于 2004 年 1 月先后着陆火星表面。它们可在地面工作站的遥控下，在火星上自由行走。通过它们对火星岩石和土壤的分析，NASA 收集到了表明火星上曾经有水流动的强有力证据，并且发现了形成于酸性湖泊中的岩石、陨石等。2011 年 11 月，NASA 又成功发射了

图 1-1-8 （a）所示的 Curiosity（好奇号）核动力驱动的火星探测器。该探测器于 2012 年 8 月 6 日安全着落火星，开启了人类探寻火星生命元素的历程。Google(谷歌) 公司又研发了图 1-1-8 （b）所示的以机器人项目负责人 Andy Rubin 命名的 Andy（安迪号）月球车，以便进行新一轮探月行动。

(a) Curiosity 火星车　　　　　　　　　　(b) Andy月球车

图1-1-8　美国的场地机器人

（2）日本

日本目前在工业机器人及家用服务、护理、医疗等智能机器人的研发上具有世界领先水平。其在工业机器人的生产、应用及主要零部件供给、研究等方面也居世界领先地位。20 世纪 90 年代，日本开始普及第一代和第二代机器人。截至目前，它仍保持工业机器人产量、安装数量世界第一的地位。据统计，日本的工业机器人产量约占全球的 50%；安装数量约占全球的 23%；机器人的主要零部件（精密减速机、伺服电机、传感器等）占全球市场的 90% 以上。日本 FANUC（发那科）、YASKAWA（安川）、KAWASAKI（川崎）、NACHI（不二越）等都是著名的工业机器人生产企业。

日本在第三代智能机器人的研发方面，同样取得了举世瞩目的成就。为了攻克智能机器人的关键技术，自 2006 年起，日本政府每年都投入巨资，用于智能服务机器人的研发。近年来，为了满足老年人护理的市场需求，很多企业也开始大量研发小型家用服务机器人。例如，前述的 HONDA（本田）公司 Asimo 机器人，已能完成跑步、爬楼梯、跳舞、踢球、倒饮料、打手语等简单动作；日本 Riken Institue（理化学研究所）研发的 Robear 护理机器人，能够像人一样，柔和地将卧床者从床上扶起，或将坐着的人抱起等。

（3）德国

德国的机器人研发稍晚于日本，但其发展十分迅速。20 世纪 70 年代中后期，德国政府在"改善劳动条件计划"中，强制规定了部分有危险、有毒、有害的工作岗位必须用机器人来代替人的要求，它为机器人的应用开辟了广大的市场。据 VDMA（德国机械设备制造业联合会）统计，目前德国的工业机器人密度已是法国的 2 倍和英国的 4 倍以上。

德国的工业机器人以及军事机器人中的地面无人作战平台、水下无人航行体的研究和应用水平，居世界领先地位。德国的 KUKA（库卡）、REIS（徕斯，现为 KUKA 成员）、CARL CLOOS（卡尔‐克鲁斯）等都是全球著名的工业机器人生产企业。德国宇航中心、德国机器人技术商业集团、karcher 公司、Fraunhofer Institute for Manufacturing Engineering and Automatic（弗劳恩霍夫制造技术和自动化研究所）、STN 公司、HDW 公司等都是有名的服务机器人及军事机器人研发企业。

德国在智能服务机器人的研究和应用上，同样具有世界公认的领先水平。例如，图 1-1-9 所示的弗劳恩霍夫制造技术和自动化研究所研发的服务机器人 Care-0-Bot4，其全身遍布各类传感器、立体彩色照相机、激光扫描仪和三维立体摄像头。它不但能够识别日常的生活用品，而且能听懂语音命令和看懂手势命令，并能按声控或手势控制的要求做出具体回应、进行自我学习。

图1-1-9 服务机器人Care-0-Bot4

（4）中国

中国机器人发展经历了70年代的萌芽期，80年代的开发期，90年代后的实用化期。1982年，中国第一台工业机器人在沈阳自动化所诞生，1985年，蒋新松院士任总设计师的中国第一台水下机器人"海人一号"首航。2020年我国自主研发的全海深自主遥控潜水机器人"海斗一号"，在马里亚纳海沟的下潜深度达10908米。我国天宫一号空间站天和机械臂，是模仿人类手臂的7自由度机械臂，它由两根臂杆组成，臂杆展开长度为10.2米，能进行舱表爬行转移、舱表状态检查、舱外状态监视、辅助航天员出舱、捕获飞行器等作业。功能强大的机械臂，标志着我国航天工业水平的巨大进步。中国首辆火星车"祝融号"已圆满完成既定巡视探测任务目标。中国已连续多年成为全球最大的机器人应用市场。以新松、埃斯顿、埃夫特、广州数控等为代表的国产机器人企业在相关领域不断创新，提升公司产品的核心竞争力。

中国高度重视机器人科技和产业的发展，机器人市场规模持续快速增长，机器人企业逐步发展壮大，已经初步形成完整的机器人产业链，同时"机器人＋"应用不断拓展深入，产业整体呈现欣欣向荣的良好发展态势。

在国内密集出台的政策和不断成熟的市场等多重因素驱动下，工业机器人增长迅猛，除了汽车、3C电子两大需求最为旺盛的行业，化工、石油等应用市场逐步打开。工业机器人发展持续向好，已成为驱动机器人产业发展的主引擎。根据IFR统计数据测算（见图1-1-10），近五年中国工业机器人市场规模始终保持增长态势，2022年市场规模将继续保持增长，预计将达到87亿美元。预计到2024年，中国工业机器人市场规模进一步扩大，将超过110亿美元。

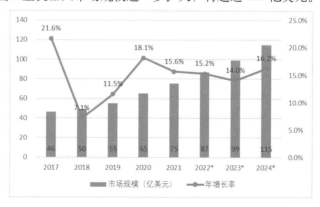

图1-1-10 2017-2024年中国工业机器人销售额及增长率（资料来源：IFR，中国电子学会整理）

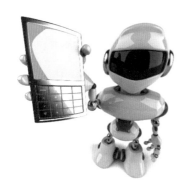

机器人有哪些种类呢？

三、机器人的分类

1. 专业分类法和应用分类法

机器人的分类方法很多，但是，由于人们观察问题的角度有所不同，直到今天，还没有一种分类方法能够得出令世人认同的分类。总体而言，常用的机器人分类方法主要有专业分类法和应用分类法两种。

（1）专业分类法

专业分类法通常是机器人设计、制造和使用厂家技术人员所使用的分类方法，其技术性较强，业外人士较少使用。目前，专业分类可按机器人的控制系统技术水平、机械结构形态和运动控制方式三种方式进行分类。

①按控制系统技术水平分类。根据机器人目前的控制系统技术水平，一般可分为前述的示教再现机器人（第一代）、感知机器人（第二代）、智能机器人（第三代）三类。第一代机器人已实用和普及，绝大多数工业机器人都属于第一代机器人；第二代机器人的技术已部分实用化；第三代机器人尚处于实验和研究阶段。

②按机械结构形态分类。根据机器人现有的机械结构形态，研究人员将其分为圆柱坐标（Cylindrical Coordinate）、球坐标（Polar Coordinate）、直角坐标（Cartesian Coordinate）、关节型（Articulated）、并联结构型（Parallel）等，其中以关节型机器人为常用。不同形态机器人在外观、机械结构、控制要求、工作空间等方面均有较大的区别。例如，关节型机器人的动作和功能类似于人类的手臂；而直角坐标、并联结构型的机器人的外形和控制要求与数控机床十分类似。

③按运动控制方式分类。根据机器人的控制方式，一般可分为顺序控制型、轨迹控制型、远程控制型、智能控制型等类别。顺序控制型又称点位控制型，这种机器人只需要规定动作次序和移动速度，而不需要考虑移动轨迹；轨迹控制型则需要同时控制移动轨迹和移动速度，故可用于焊接、喷漆等连续移动作业；远程控制型可实现无线遥控，它多用于特定行业，如军事机器人、空间机器人、水下机器人等；智能控制型机器人就是前述的第三代机器人，多用于服务、军事等行业，这种机器人目前尚处于实验和研究阶段。

（2）应用分类法

应用分类法是根据机器人应用环境（用途）进行分类的大众分类方法，其定义通俗，易为公众所接受。

应用分类的方法同样较多。例如，日本分为工业机器人和智能机器人两类；我国分为工业机器人和特种机器人两类等。然而，由于对机器人的智能性判别尚缺乏科学、严格的标准，加上工业机器人和特种机器人的界线较难划分。因此，在通常情况下，公众较易接受的是参照国际机器人联合会（IFR）的分类方法，将机器人分为工业机器人和服务机器人。目前常用的机器人基本上可分为表 1-1-1 所示的类别。

表 1-1-1 机器人的分类

机器人	工业机器人	加工类	焊接机器人
			研磨抛光机器人
		装配类	装配机器人
			涂装机器人
		搬运类	输送机器人
			装卸机器人
		包装类	分拣机器人
			码垛机器人
			包装机器人
	服务机器人	个人/家庭服务	家庭作业机器人
			休闲娱乐机器人
			残障辅助机器人
			住宅安全机器人
		专业服务	军事机器人
			场地机器人
			物流机器人
			医疗机器人
			建筑机器人

① 工业机器人。

工业机器人（Industrial Robot，IR）是指在工业环境下应用的机器人，它是一种可编程的多用途、自动化设备。当前实用化的工业机器人以第一代示教再现机器人居多，但部分工业机器人（如焊接、装配等）已能通过图像来识别、判断、规划或探测途径，对外部环境具备一定的适应能力，初步具备了第二代感知机器人的部分功能。

工业机器人的涵盖范围同样很广，根据其用途和功能，又可分为加工、装配、搬运、包装四大类；在此基础上，还可对每类进行细分。

② 服务机器人。

服务机器人（Personal Robot，PR）是除工业机器人之外，服务于人类非生产性活动的机器人总称。根据国际机器人联合会（IFR）的定义，服务机器人是一种半自主或全自主工作的机械设备，它能完成有益于人类健康的服务工作，但不直接从事工业品的生产。

简而言之，除工业生产用的机器人外，其他所有的机器人均属于服务机器人的范畴。因此，人们根据其用途，将服务机器人分为个人 / 家庭服务机器人（Personal/Domestic Robot）和专业服务机器人（Professional Service Robot）两类，在此基础上还可对每类进行细分。

有关工业机器人的具体内容将在下一个节作详细介绍。为了便于读者对机器人有较全面的了解，现将服务机器人的主要情况简要介绍如下。

2. 服务机器人简介

（1）基本特点

服务机器人是服务于人类非生产性活动的机器人总称。从控制要求、功能、特点等方面看，服务机器人与工业机器人的本质区别在于，工业机器人所处的工作环境在大多数情况下是已知的。因此，利用第一代机器人技术就可满足其要求；然而，服务机器人所面临的工作环境在绝大多数场合是未知的，故需要使用第二代、第三代机器人技术。

从行为方式上看，服务机器人一般没有固定的活动范围和规定的动作行为。它需要拥有良好的自主感知、自主规划、自主行动和自主协同等方面的能力。因此，服务机器人较多地采用仿人或生物、车辆等结构形态。

1967 年，在日本举办的第一届机器人学术会议上，人们提出了两种描述服务机器人特点的代表性意见。一种意见认为服务机器人是一种"具有自动性、个体性、智能性、通用性、半机械半人性、移动性、作业性、信息性、柔性、有限性等特征的自动化机器"；另一种意见则认为具备如下三个条件的机器，可称为服务机器人：

① 具有类似人类的脑、手、脚等功能要素。

② 具有非接触和接触传感器。

③ 具有平衡觉和固有觉得传感器。

当然，鉴于当时的情况，以上定义都强调了服务机器人的"类人"含义，突出了由"脑"统一指挥、靠"手"进行作业、靠"脚"实现移动的特点，以及通过非接触传感器和接触传感器，使机器人识别外界环境并利用平衡觉和固有觉[①]等传感器感知本身状态等基本属性，这些特点对服务机器人的研发具有一定参考价值。

（2）发展简况

服务机器人的出现晚于工业机器人。但由于它与人类进步、社会发展、公共安全等诸多重大问题息息相关，应用领域众多、市场广阔。因此，该行业发展非常迅速、潜力巨大。有国外专家预测，在不久的将来，服务机器人产业可能成为继汽车、计算机后的另一新兴产业。

在各类服务机器人中，个人 / 家用服务机器人（Personal/Domestic Robot）为大众化、低价位的产品，其市场最大。在专业服务机器人中，则以涉及公共安全的军事机器人（Military Robot）、场地机器人（Field Robot）、医疗机器人的产量较大。

图 1-1-11 为近年全球个人 / 家用服务机器人及专业服务机器人中各类产品的销售统计图。

在服务机器人研发领域，美国不但在军事、场地、医疗等高科技专业服务机器人的研究上遥遥领先于其他国家，而且在个人 / 家用服务机器人的研究上，同样也占有绝对的优势。其服务机器人总量约占全球服务机器人市场的 60%。此外，欧洲的德国、法国也是服务机器人的研发和应用大国。

---

① 平衡觉和固有觉：平衡觉和固有觉是机器人感知本身状态的不可缺少的传感器。

日本和韩国的服务机器人的研发和应用重点是在于个人/家用服务机器人上。日本的个人/家用服务机器人产量约占全球市场的50%；韩国近年也在积极开发家用机器人，其政府计划在2020年，让每个家庭都拥有一个能做家务的机器人。

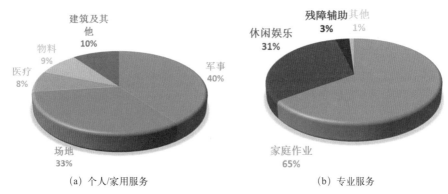

图1-1-11　全球服务机器人销售统计

我国在服务机器人领域的研发起步较晚，直到2005年才开始初具市场规模，随着人口老龄化趋势加快，以及建筑、教育领域持续旺盛的需求牵引，中国服务机器人存在巨大市场潜力和发展空间，成为机器人市场应用中颇具亮点的领域。2022年，中国服务机器人市场快速增长，教育、公共服务等领域需求成为主要推动力。预计2022年，中国服务机器人市场规模达到65亿美元。到2024年，随着新兴场景的进一步拓展，中国服务机器人市场规模将有望突破100亿美元。目前，我国的个人/家用服务机器人主要应用在吸尘、教育娱乐、保安、智能玩具等领域；专业服务机器人主要涉及医疗、军事及场地机器人等。

（3）个人/家用机器人

个人/家用服务机器人（Personal/Domestic Robot）泛指为人们日常生活服务的机器人，包括家庭作业机器人、娱乐休闲机器人、残障辅助机器人、住宅安全机器人等。个人/家用服务机器人产业是被人们普遍看好的未来最具发展潜力的新兴产业之一。

目前，家用清洁机器人是家庭作业机器人中最早被实用化和最成熟的产品之一。早在20世纪80年代，美国已经开始吸尘机器人的研究。iRobot公司是目前家用服务机器人行业公认的领先企业，其产品包括吸尘、擦地、地面清洗、泳池清洗、水槽清洗等五大系列的功能，该公司的技术先进，市场占有率为全球最大。此外，美国的Neato、Mint、日本的SHINK、PANASONIC（松下）、韩国的LG与三星等公司也都是全球较著名的家用清洁机器人研发、制造企业。

在我国，由于家庭经济收入和发达国家的差距巨大，加上传统文化的影响，大多数家庭的作业服务还是由自己或家政服务人员承担，所使用的设备以传统工具和普通吸尘器、洗碗机等简单设备为主，家庭作业服务机器人的使用率非常低。

（4）专业服务机器人

专业服务机器人（Professional Service Robot）的涵盖范围非常广，简言之，除工业生产用的工业机器人和为人们日常生活服务的个人/家用机器人外，其他所有的机器人均属于专业服务机器人。在专业服务机器人中，军事、场地和医疗机器人，是应用最广的产品。

①军事机器人。

军事机器人（Military Robot）是为了军事目的而研制的自主式、半自主式或遥控的智能化武器装备，它可用来帮助或替代军人，完成战术或战略任务。

军事机器人具备全方位、全天候的作战能力和极强的战场生存能力，可在超过人类承受能力的恶劣环境中，或在遭到毒气、冲击波、热辐射等袭击时，继续进行工作。此外，军事机器人也不存在人类的恐惧心理，可严格地服从命令、听从指挥，有利于战局的掌控。在未来战争中，机器士兵完全可能成为军事行动中的主力。军事机器人的研制早在 20 世纪 60 年代就已开始，产品已从第一代的遥控操作器，发展到了现在的第三代智能机器人。目前，世界各国的军事机器人已达上百个品种，其应用涵盖侦察、排雷、防化、进攻、防御及后勤保障等各方面。用于监视、勘察、获取危险领域信息的无人驾驶飞行器（UAV）和地面车（UGV）、具有强大运输功能和精密侦查设备的机器人武装战车（ARV）以及在战斗中担任补充作战物资的多功能后勤保障机器人（MULE）是军事机器人的主要产品。

美国的军事机器人研究无论在基础技术研究、系统开发、生产配套，还是技术转化、实战应用等方面均处于领先地位，其应用已涵盖陆、海、空、天等多个兵种。据报道，美军已装配了超过 7 500 架无人机和 15 000 个地面机器人，目前正在大量研制和应用无人作战系统、智能机器人集成作战系统，以提升陆、海、空、天的军事实力。Boston Dynamics（波士顿动力）公司、Lockheed Martin（洛克希德马丁）公司、iRobot 公司等均为著名的军事机器人研发制造企业。

此外，德国的智能地面无人作战平台、反水雷及反潜水下无人航行体的研究和应用，英国的战斗工程牵引车（CET）、工程坦克（FET）、排爆机器人的研究和应用，法国的警戒机器人和低空防御机器人、无人侦察车、野外快速巡逻机器人的研究和应用，以色列的机器人自主导航车、"守护者（Guardium）"监视与巡逻系统、步兵城市作战用的手携式机器人的研究和应用等，都已达到世界领先水平。

②场地机器人。

场地机器人（Field Robot）是除军事机器人外，其他可大范围运动的服务机器人的总称。场地机器人多用于科学研究和公共事业服务，如太空探测、水下作业、危险作业（如防爆、排雷）、消防救援、园林作业等方面。

美国的场地机器人研究始于 20 世纪 60 年代，其水平令其他国家望尘莫及，并且产品已遍及空间、陆地和水下。从 1967 年的海盗号火星探测器，到 2003 年的 Spirit,MER-A（勇气号）和 Opportunity,MER-B（机遇号）火星探测器，2011 年的 Curiosity（好奇）核动力驱动的火星探测器，再到 Google 公司最新研发的 Andy（安迪号）月球车，这些产品都无一例外地代表了全球空间机器人研究的最高水平。图 1-1-12 所示为美国海军正在开发的一种战术排爆机器人和美国大学负责为 NASA 研发的太空探测机器人。

（a）战术排爆机器人　　　　　　　　　（b）太空探测机器人

图1-1-12　美国的场地机器人

　　俄罗斯和欧盟在太空探测机器人等方面的研究和应用也居世界领先水平。例如，俄罗斯早期的空间站飞行器对接、燃料加注机器人；德国在 1993 年研制，由哥伦比亚号航天飞机携带升空的 ROTEX 远距离遥控机器人等，都代表了当时的空间机器人技术水平。我国在探月、水下机器人方面的研究也取得了较大的进展。

　　③ 医疗机器人。

　　医疗机器人是今后专业服务机器人的重点发展领域之一。医疗机器人主要用于伤病员的手术、救援、转运和康复，包括诊断机器人、外科手术辅助机器人、康复机器人等。例如，通过外科手术机器人，医生可利用其精准性和微创性，大面积减小手术伤口，迅速恢复正常生活。据统计，目前全世界已有 30 个国家、近千家医院成功开展了数十万例机器人手术，手术种类涵盖泌尿外科、妇产科、心脏外科、胸外科、肝胆外科、胃肠外科、耳鼻喉科等类别。

　　当前，医疗机器人的研发与应用大部分都集中于美国、日本等发达国家，发展中国家的普及率还较低。美国的 Intuitive Surgical（直觉外科）公司是全球领先的医疗机器人研发、制造企业，该公司研发的达芬奇机器人是目前世界上最先进的手术机器人系统。该系统由控制台、病人车和高性能视觉系统等部件组成，具有外科手术操作中的直观控制运动、精细组织操作和三维高清晰度视觉能力。它可模仿外科医生的手部动作，进行微创手术。目前，该机器人手术系统已经成功用于普通外科、胸外科、泌尿外科、妇产科、头颈外科及心脏外科等手术。

课后习题

1. 国际机器人联合会（IFR）的分类方法，将机器人分为_____和_____两类。

2. "机器人之父"是指_____。

　　A. 乔治·德沃尔　　　B. 艾萨克·阿西莫夫　　　C. 约瑟夫·恩盖尔伯格　　　D. 乔布斯

3. 国际标准化组织定义：机器人是一种自动的、位置可控的、具有_____能力的多功能机械手。

4. 工业机器人的涵盖范围同样很广，根据其用途和功能，又可分为加工、_____、_____、包装 4 大类。

5. 服务机器人（Personal Robot，PR）是除工业机器人之外，服务于人类非_____活动的机器人总称。

6. 服务机器人分为个人 / 家庭服务机器人和_____两类。

学习任务二　工业机器人应用现状及发展趋势

任务目标

- 通过学习工业机器人应用现状及发展趋势，了解我国工业机器人的发展状况，认识国产机器人品牌，增加民族自豪感。
- 学习工业机器人的发展状况，分析我国工业机器人产业现状和优势，养成用发展观念看问题的习惯。
- 学习工业机器人的分类及应用现状，能甄别工业机器人的类型和应用方向。

知识准备

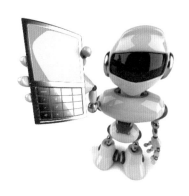

工业机器人是如何定义的？

一、发展概况

工业机器人自 1959 年问世以来，其一直处于发展的状态。20 世纪 70 年代，机器人的研发迎来了"春天"——许多著名的工业集团先后开始进军机器人产业。到了 20 世纪 80 年代，机器人研制行业的企业格局基本形成。其中，以美国的 Westinghouse Electric Corporation(西屋电气公司，又译威斯汀豪斯公司)、德国的 KUKA 公司、瑞士的 ABB 公司和日本的 FANUC（发那科）公司等为主。到了 21 世纪初，机器人的研发更为蓬勃。日本安川和发那科公司的工业机器人都有了销量上的突破，而瑞士的 ABB 公司和日本的不二越公司则相继研制出了当时世界上最快的机器人。

2013 年，谷歌掀起了一轮收购机器人研发公司的热潮，标志着机器人行业进入快速发展的高新科技产业轨道。

工业机器人发展简史详见学习拓展。

二、应用现状

1. 产品的分类及应用

（1）产品分类

通过前面所述，根据工业机器人的功能与用途，其主要产品大致可分为加工、装配、搬运、包装四大类。

① 加工类。加工机器人是直接用于工业产品加工作业的工业机器人，目前主要有焊接、切割、折弯、冲压、研磨、抛光等类别。此外，也有部分用于建筑、木材、石材、玻璃等行业切割、研磨、抛光的加工机器人。

焊接、切割、研磨、抛光加工的环境恶劣，加工时所产生的强弧光、高温、烟尘、飞溅、电磁干扰等都会对人体健康造成危害。这些行业采用机器人自动作业，不仅可改善工作环境，避免加工过程中对人体造成伤害，工业机器人还可以自动连续工作，提高工作效率、改善并优化加工质量。

焊接机器人（Welding Robot）是目前工业机器人中产量最大、应用最广的产品，被广泛用于汽车、铁路、航空航天、军工、冶金、电器等行业。自 1969 年美国 GM（通用汽车）公司在 Lordstown 汽车组装生产线上装备首台汽车点焊机器人以来，机器人焊接技术已日臻成熟。机器人的自动化焊接作业，不仅能提高生产率、确保焊接质量、改善劳动环境，还是当前工业机器人应用的重要方向之一。

材料切割是工业生产不可缺少的加工过程，从传统的金属材料火焰切割、等离子切割及可用于多种材料的激光切割等都可通过机器人来完成。目前，薄板类材料的切割大多采用数控火焰切割机、数控等离子切割机和数控激光切割机等数控机床加工。但异形、大型材料或船舶、车辆等大型废旧设备的切割，已开始逐步使用工业机器人。

研磨、抛光机器人主要用于汽车、摩托车、工程机械、家具建材、电子电气、陶瓷卫浴等行业的表面处理 [1]。使用研磨、抛光机器人不仅能使操作者远离高温、粉尘、有毒、易燃、易爆的工作环境，还能够提高加工质量和生产效率。

② 装配类。

装配机器人（Assembly Robot）是将不同零件组合成部件或成品的工业机器人，常用的主要有装配和涂装两大类。

计算机（Computer）、通信（Communication）和消费性电子（Consumer Electronic）行业（简称 3C 行业）是目前装配机器人最大的应用市场。3C 行业是典型的劳动密集型产业，采用人工装配，不仅需要使用大量的员工，而且操作工人的工作高度重复、频繁，劳动强度极大，致使人力难以承受。此外，随着电子产品不断趋向于轻薄化、精细化，产品对零部件装配的精细程度日益提高，部分作业已是人力无法完成。

涂装类机器人用于部件或成品的油漆、喷涂等表面处理，这类处理通常含有危害人体健康的气体。采用机器人自动作业后，不仅可改善工作环境，避免有害、有毒气体的危害，其还可自动连续工作，提高工作效率和优化加工质量。

③ 搬运类。

搬运机器人（Transfer Robot）是从事物体移动作业的工业机器人的总称，常用的主要有输送机器人和装卸机器人两大类。

工业生产中的输送机器人以无人搬运车（Automated Guided Vehicle,AGV）为主。AGV 具有自身的计算机控制系统和路径识别传感器，能够自动行走和定位停止，可广泛应用于机械、电子、纺织、卷烟、医疗、食品、造纸等行业的物品搬运和输送。在机械加工行业中，AGV 大多用于无人化工厂、柔性制造系统（Flexible Manufacturing System,FMS）的工件、刀具搬运和输送。它通常需要与自动化仓库、刀具中心、数控加工设备及柔性加工单元（Flexible Manufacturing Cell,FMC）的控制系统互连，以构成无人化工厂、柔性制造系统的自动化物流系统。

装卸机器人多用于机械加工设备的工件装卸（上下料），它常和数控机床组合，以构成柔性加工单元（FMC），从而成为无人化工厂、柔性制造系统（FMS）的一部分。装卸机器人还经常用于冲剪、锻压、铸造等设备的上下料，以替代人工完成高风险、高温等恶劣环境下的作业。

④ 包装类。

包装机器人（Packaging Robot）是用于物品分类、成品包装、码垛的工业机器人，常用的主

---

[1] 表面处理：表面处理是在基体材料表面上人工形成一层与基体的机械、物理和化学性能不同的表层的工艺方法。表面处理的目的是满足产品的耐蚀性、耐磨性、装饰或其他特种功能要求。

要有分拣、包装和码垛三类。

计算机、通信和消费性电子行业（3C 行业）和化工、食品、饮料、药品工业是包装机器人的主要应用领域。3C 行业的产品产量大、周转速度快，成品包装任务繁重；化工、食品、饮料、药品包装由于行业特殊性，人工作业涉及安全、卫生、清洁、防水、防菌等方面的问题。因此，这些行业需要大量地应用装配机器人，来完成物品的分拣、包装和码垛作业。

（2）产品产量

预计 2022 年，全球机器人市场规模将达到 513 亿美元，2017 至 2022 年的年均增长率达到 14%。其中，工业机器人市场规模将达到 195 亿美元，服务机器人达到 217 亿美元，特种机器人超过 100 亿美元。预计到 2024 年，全球机器人市场规模将有望突破 650 亿美元。2022 年全球机器人市场构成如图 1-2-1 所示。

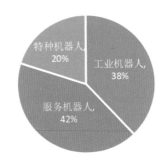

■ 工业机器人 ■ 服务机器人 ■ 特种机器人

图1-2-1　2022年全球机器人市场结构图

目前，工业机器人在汽车、金属制品、电子、橡胶及塑料等行业已经得到了广泛的应用。随着性能的不断提升，以及各种应用场景的不断明晰，2013 年以来，工业机器人的市场规模正以年均 12.1% 的速度快速增长。IFR 统计数据显示，2021 年，全球工业机器人市场强劲反弹，市场规模为 175 亿美元，超过 2018 年达到的历史最高值 165 亿美元，安装量创下历史新高，达到 48.7 万台，同比增长 27%。预计至 2022 年，工业机器人市场进一步增长，将达到 195 亿美元。随着市场需求的持续释放以及工业机器人的进一步普及，工业机器人市场规模将持续增加，2024 年将有望达到 230 亿美元。2017-2024 年全球工业机器人销售额及增长率如图 1-2-2 所示（资料来源：IFR，中国电子学会整理）。

与此同时，依托人工智能技术，智能公共服务机器人应用场景和服务模式的不断拓展，带动服务机器人市场规模高速增长。疫情催生了对专业服务应用的新需求，形成初具规模的行业新兴增长点。抗疫系列机器人成为疫情防控的新生力量，"无接触"的无人配送已成为新焦点，服务机器人应用场景和服务模式正不断拓展，推动市场规模逆势增长。预计 2022 年，全球服务机器人市场规模达到 217 亿美元。2024 年，全球服务机器人市场规模将有望增长到 290 亿美元。2017-2024 年全球服务机器人销售额及增长率如图 1-2-3 所示（资料来源：IFR，中国电子学会整理）。

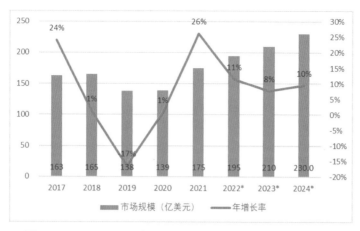

图1-2-2 2017—2024年全球工业机器人销售额及增长率趋势

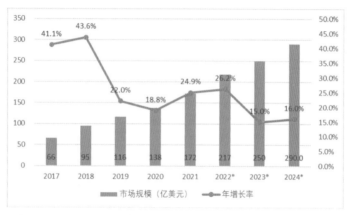

图1-2-3 2017—2024年全球服务类机器人销售额及增长率趋势

近年来，全球特种机器人整机性能持续提升，在极端环境、危险作业等场景下的操作能力大幅增强，促进太空探测、深海探索、应急救援等应用领域的快速发展。2017年以来，全球特种机器人产业规模年均增长率达到21.7%，预计2022年全球特种机器人市场规模超过100亿美元，2024年全球特种机器人市场规模将有望达到140亿美元。2017—2024年全球特种类机器人销售额及增长率趋势如图1-2-4所示。

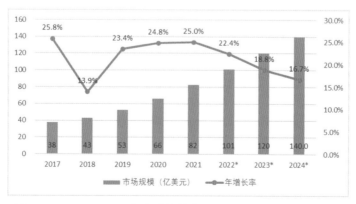

图1-2-4 2017—2024年全球特种类机器人销售额及增长率趋势

（3）应用领域

根据国际机器人联合会（IFR）等部门的最新统计，当前工业机器人的应用行业分布情况大致如图1-2-3所示。其中，汽车制造业、电子电气工业、金属制品及加工业是目前工业机器人的主要应用领域。

汽车及汽车零部件制造业历来是工业机器人用量最大的行业，其使用量长期保持在工业机器人总用量的40%以上。使用的种类以加工、装配类机器人为主，是焊接、研磨、抛光、装配、涂装机器人的主要应用领域。

电子电气（包括计算机、通信、家电、仪器仪表等）是工业机器人应用的另一主要行业，其使用量也保持在工业机器人总量的20%以上，使用的主要种类为装配、包装类机器人。

金属制品及加工业的机器人用量大致在工业机器人总量的10%左右，使用的种类主要为搬运类的输送机器人和装卸机器人。

建筑、化工、橡胶、塑料以及食品、饮料、药品等其他行业的机器人用量都在工业机器人总用量的10%以下；橡胶、塑料、化工、建筑行业使用的机器人种类较多；食品、饮料、药品行业使用的机器人通常以加工、包装类为主。

2. 主要生产企业

目前，国际著名的工业机器人生产厂家主要有日本的FANUC（发那科）、YASKAWA（安川）、KAWASAKI（川崎）、NACHI（不二越）、DAIHEN（国内称OTC或欧希地）、PANASONIC（松下），以及瑞士的ABB等，德国的KUKA（库卡）和REIS（徕斯，现为KUKA成员）、CARL C1OOS（卡尔-克鲁斯）、意大利的COMAU（柯马）以及奥地利的IGM（艾捷默）。此外，韩国的HYUDAI（现代）等公司近年来的发展速度也较快。

就工业机器人产量而言，目前以FANUC（发那科）、YASKAWA（安川）、ABB、KUKA（库卡）为最大。四家公司是目前国际著名的工业机器人代表性企业，其产品规格齐全、生产量大，也是我国目前工业机器人的主要供应商。

日本是工业机器人的生产大国，除FANUC（发那科）、YASKAWA（安川）外，日本的KAWASAKI（川崎）、NACHI（不二越）是最早从事工业机器人研发生产的企业。其焊接机器人、搬运机器人的技术具有领先水平；DAIHEN（欧希地）焊接机器人也是国际著名品牌。这些企业生产的工业机器人在我国的应用也比较广泛。

关于机器人生产的企业详情参见学习拓展。

三、发展趋势

工业机器人在许多生产领域的应用实践证明，它在提高生产自动化水平、提高劳动生产率、产品质量及经济效益，和改善工人劳动条件等方面，有着令世人瞩目的作用。随着科学技术的进步，机器人产业必将得到更快速的发展，工业机器人也将得到更广泛的应用。

1. 技术发展趋势

在技术发展方面，工业机器人正向结构轻量化、智能化、模块化和系统化的方向发展。未来主要的发展趋势如下：

① 机器人结构的模块化和可重构化。

② 控制技术的高性能化、网络化。

③ 控制软件架构的开放化、高级语言化。

④ 伺服驱动技术的高集成度和一体化。

⑤ 多传感器融合技术的集成化和智能化。

⑥ 人机交互界面的简单化、协同化。

2. 应用发展趋势

当前，新一代信息技术、生物技术、新能源技术、新材料技术等与机器人技术加快融合，机器人产业发展日新月异，新技术新产品新应用层出不穷，新生态加速构建，为推动全球经济发展、造福人类提供更好的服务。疫情之下，各行业使用机器人的意愿进一步提升，全球机器人产业发展按下"快进键"，机器人产业迎来升级换代、跨越发展的窗口。2021年，全球机器人市场规模持续扩大，工业机器人市场强劲反弹，安装量创下历史新高，服务机器人和特种机器人持续高速发展、创新活跃，有力促进全球经济的回暖。

在千行百业数字化转型的巨大需求牵引之下，全球机器人行业创新机构与企业围绕技术研发和场景开发不断探索，在汽车制造、电子制造、仓储运输、医疗康复、应急救援等领域的应用不断深入拓展，推动机器人产业持续蓬勃发展。

3. 产业发展趋势

国际机器人联合会公布的数据显示，2022年全球机器人市场规模将达到513亿美元，2017至2022年的年均增长率达到14%。其中，工业机器人市场规模将达到195亿美元，服务机器人达到217亿美元，特种机器人超过100亿美元。预计到2024年，全球机器人市场规模将有望突破650亿美元。

中国高度重视机器人科技和产业的发展，机器人市场规模持续快速增长，机器人企业逐步发展壮大，已经初步形成完整的机器人产业链，同时"机器人+"应用不断拓展深入，产业整体呈现欣欣向荣的良好发展态势。中国机器人市场持续蓬勃发展，成为后疫情时代机器人产业发展的重要推动力。预计2022年，中国机器人市场规模将达到174亿美元，五年年均增长率达到22%。其中，2022年工业机器人市场规模将有望达到87亿美元，服务机器人65亿美元，特种机器人22亿美元。

学习拓展

大家一起好好干！与时俱进，了解更多的机器人类型及应用。

一、目前全球研制中的机器人

1. 军用机器人

德国费斯托公司最新研制的机器人"空中水母"就与《黑客帝国》中的机器人十分相似，它们长着许多触角，里面充满着氦气，看上去非常漂亮，能像水母漂在海水中一样飘浮在空中。谈及这款机器人，费斯托公司还研制出另一种机器人——"机器水母"，这是一种能够在水中漂浮着的机器人，如图 1-2-5 所示。

图1-2-5　空中水母机器人

这只"空中水母"是由德国费斯托公司所研制生产。它长有触角，体内充满了氦气，在空中飘浮时就好像水中浮动的水母一样。"空中水母"的灵活性与便捷性体现了人工智能方面的研究成果，将在海底勘探和航空航天等领域有着光明的应用前景。

机器水母的球形身体是个用激光烧结制成的密封舱。它长着 8 根触须，这些仿生触须的构造取材于对鱼鳍功能的剖析。每根触须包含软硬适度的"主心骨"，骨外面连着柔性的表面，表面分成两个腔，压力可以分别调整，使整个触须向某个方向弯曲。每根触须的顶端都有小鳍，受触须带动，小鳍像鱼尾那样划水，推动机器水母前进。

要做到在水中自如游荡并不容易，水中机器人配备了一系列的传感器、功能颇强的通讯系统，还有基于机器人群体智能的控制软件。压力传感器告诉水母当前所处的深度，能精确到几毫米；光感应器向它报告潜在障碍的大致位置，包括周围其他机器人水母的位置。

2. 辅助型机器人

在英国，一个新的机器人实验点于近期开始启用，该实验点通过构造类似于家庭内部的配置，形成了一个可开发和测试新型机器人的空间，以供研究人员、独居老人以及帮助老人生活的义工们一起使用。"安可"生活辅助定制机器人研究中心位于布里斯托机器人实验室 Bristol Robotics Laboratory(BRL)，坐落在英国西英格兰大学最大的校区——法兰查校内，生活辅助机器人如图 1-2-6 所示。

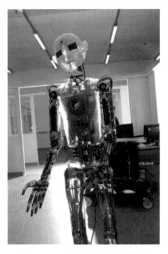

图1-2-6　生活辅助机器人

这个设施的研究方向主要侧重于如何让老人在私人定制机器人辅助系统的帮助下，能够尽可能长时间地独自且安全地生活在自己的家中。

3. 清洁型机器人

中科院合肥物质科学研究所刘锦淮研究员课题组研发出一种新型混合动力水面自动清洁机器人，可广泛应用于各种海洋、湖泊、河道、滩涂等水面的固体垃圾、浮萍、油污清理，并可赴危险区域进行远程作业，如图 1-2-7 所示。

图1-2-7　清洁型机器人

专家介绍说，这项科研成果的全名为"风光互补"自主式水面机器人，相对于此前广泛使用的水面无人船，该机器人包括几大新的核心技术：

① 动力来源于大容量电池、风力和太阳能发电混合电源系统，解决了一般性水面机器人长时间持续巡航的动力问题。

② 采用视觉和雷达双模目标识别方法，自主开发了水面目标的路径优化和自主壁障等智能算法，解决了全局路径规划和实时避障问题。

③ 融合了多模导航系统、三维电子罗盘、驱动器自动调速控制技术、高带宽无线数据实时传输技术以及人工智能等技术，解决了水面目标自动控制问题。

中科院智能所专家还搭建多种自主研制的具有行业领先水平的水质监测仪器，并小型化后集成到这一新型水面机器人平台之中，形成水质监测移动实验室，可以取代目前常用的水质固定监测站或者监测浮标，实现任意水域、全天候、低成本水质监测与预警。

4. 仿生类机器人

日本最新研制的一款"双子替身 F 号"仿生机器人在中国香港购物中心展出，它能说会唱，可以表达 65 种面部表情，如图 1-2-8 所示。

"双子替身 F 号"仿生机器人可以使用橡胶"皮肤"之下的机械制动器进行微笑、皱眉头甚至表达神秘、古怪的表情，虽然它看上去有些表情呆滞茫然。它还可以行走和唱歌，能够录音、模仿别人的腔调说话。它的设计师声称自己的目标是研制一款超级仿生机器人，能够迷惑人们，让他们相信这是真实的人类。

图1-2-8　双子替身F号

5. 艺术类机器人

德国卡尔斯鲁厄市艺术和媒体技术中心机器人实验室的艺术家研制了一款可以为人绘制肖像的肖像绘画机器人。目前，这款肖像绘画机器人使用边沿加工软件来确定人物肖像的结构分布，同时机器人用铅笔绘画时把握整体感。据悉，肖像绘画机器人绘画一幅肖像大概用 10min，其速度远远超过街头艺术家，同时，机器人的绘画技能更加精湛高超，如图 1-2-9 所示。

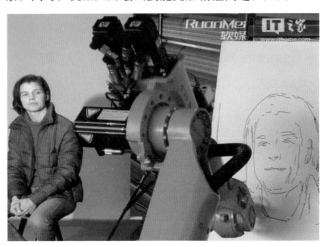

图1-2-9　肖像绘画机器人

意大利发明家研制了一款音乐家机器人（见图 1-2-10），它拥有 19 根手指，不仅能够弹奏钢琴，而且弹奏速度要比人类更快，还可以踩着鼓点自弹自唱，其表现出来的音乐能力非常惊人。随着科技的发展，可以预见的是，在不久的未来我们的身边会有越来越多的机器人，它们的出现带来了生活上的便利，以及工作效率的提高。但是也揭示了人与机器人之间的这种矛盾与冲突，随着机器人智能化的突飞猛进，如何正确地利用机器人而不是被其利用成为机器人的奴隶，这或许是我们每个人都值得思考的问题。

图1-2-10 音乐家机器人

二、关于机器人三原则

机器人学三原则的主要内容如下：

原则1：机器人不能伤害人类，或因其不作为而使人类受到伤害。

原则2：机器人必须执行人类的命令，除非这些命令与原则1相抵触。

原则3：在不违背原则1、原则2的前提下，机器人应保护自身不受伤害。

到了1985年，艾萨克·阿西莫夫在机器人系列最后作品《机器人与帝国》中，又补充了凌驾于"机器人学三原则"之上的"原则0"。

原则0：机器人必须保护人类的整体利益不受伤害，其他三条原则必须在这一前提下才能成立。

继艾萨克·阿西莫夫之后，其他科幻作家还不断提出了对"机器人学三原则"的补充、修正意见，例如，1979年，保加利亚科幻作家Lyuben Dilov在小说《Icarus's Way》中提出了第4原则："机器人在任何情况下都必须确认自己是机器人"；1989年，美国科幻作家Harry Harrison在《Foundation's Friends》中所提出的原则4是"机器人必须进行繁殖，只要进行繁殖不违反原则1～3"；1983年，保加利亚科幻作家Nikola Kesarovski提出的原则5是"机器人必须知道自己是机器人"等。

以上原则的提出，多半是出于小说情节的需要，而不是针对机器人学三原则本身的内容。为此，人们也对机器人学三原则的内容，进行过严肃的讨论、补充和完善。例如，Roger Clarke（罗杰·克拉克）所构思的机器人原则如下：

总原则：机器人不得实施除符合机器人原则以外的行为。

原则0：机器人不得伤害人类整体，或者因其不作为，致使人类整体受到伤害。

原则1：除非违反上级原则，否则，机器人不得伤害人类个体，或者因其不作为致使人类个体受到伤害。

原则2：机器人必须服从人类的命令，除非该命令与上级原则抵触。

原则3：如不与上级原则抵触，机器人必须保护上级机器人和自己的存在。

原则4：除非违反上级原则，机器人必须执行内置程序赋予的智能。

原则5：机器人不得参与机器人设计和制造，除非新机器人的行为符合机器人原则。

以上原则大都是科幻小说家对想象中机器人所施加的限制，实际上，"人们的整体利益"等概念本身就是模糊的，但是以上原则还是为机器人的智能特点研发提供了一定方向。

三、工业机器人的发展简史

世界工业机器人的简要发展历程、重大事件和重要产品研制的简况如下。

1959 年：Joseph F.Engelberger（约瑟夫·恩盖尔伯格）利用 George Devol（乔治·德沃尔）的专利技术，研制出了世界上第一台真正意义上的工业机器人 Unimate。该机器人采用液压驱动的球面坐标（Polar Coordinate）轴控制，具有水平回转、上下摆动和手臂伸缩 3 个自由度，可用于点对点搬运。

1961 年：美国 GM（通用汽车）公司首次将 Unimate 工业机器人应用于生产线，机器人可按次序堆叠热压铸金属件。

1962 年：美国 AMF 公司（机床与铸造公司）研发了首台柱面坐标（Cylindrical Coordinate）工业机器人 Versatran。该机器人具有水平回转、上下移动和手臂伸缩 3 个自由度，可用于固定轨迹移动和点对点搬运，并被用于福特汽车厂。

1968 年：Unimation 公司将机器人的制造技术转让给了日本 KAWASAKI（川崎）公司，日本开始研发、生产机器人。

同年，美国斯坦福大学研制出了首台具有感知功能的第二代机器人 Shakey。

1969 年：美国 GM（通用汽车）公司在汽车生产线上装备了首台电焊机器人，这使得 90% 的车身焊接任务实现了自动化。同年，瑞典的 ASEA 公司（阿西亚公司，现为 ABB 集团）研制出首台喷涂机器人，并在挪威投入使用；日本的 NACHI（不二越）公司也开始进入工业机器人研发生产领域。

1972 年：日本 KAWASAKI（川崎）公司研制出了日本首台工业机器人"Kawasaki-Unimate2000"。

1973 年：日本 HITACHI（日立）公司研制出了日本首台装备有动态视觉传感器的工业机器人，该机器人能识别模具上的螺栓位置，并可通过模具运动实现螺栓拧紧、松开等操作。同年，德国 KUKA（库卡）公司研制出了世界首台 6 轴工业机器人 Famulus。

1974 年：美国 Cincinnati Milacron（辛辛那提·米拉克隆，著名的数控机床生产企业）公司研制出了首台微机控制的商用工业机器人 Tomorrow Tool（T3）。同年，瑞典的 ASEA 公司研制出了世界首台微机控制、全电气驱动的 5 轴涂装机器人 IRB6，该机器人可用于钢管的打磨、抛光和上蜡。

同年，日本 KAWASAKI（川崎）公司在美国引进的 Unimate 机器人基础上，研制出了世界首台用于摩托车车身焊接的弧焊机器人；此外，川崎公司还研制出了携带接触传感器和力传感器的机器人 Hi-T-Hand。它可对 0.01mm 的零件间隙，进行每秒 1 次的插入操作。

也是这一年，全球最著名的数控系统（CNC）生产商日本 FANUC（发那科）公司开始研发、制造工业机器人。

1975 年：意大利 Olivetti（奥利维蒂，著名的打印机生产商）公司研制出了用于部件组装的直角坐标（Cartesian Coordinate）装配机器人 Olivetti SIGAM。

1977 年：日本 YASKAWA（安川）公司开始工业机器人研究生产，并研制出了日本首台采用全电气驱动的机器人 MOTOMAN-L10（MOTOMAN 1 号）。

1978 年：美国 Unimate 公司和 GM（通用汽车）公司联合研制出了用于汽车生产线的垂直

串联型（Vertical Series）可编程通用装配机器人 PUMA（Programmable Universal Manipulator for Assembly）；日本山梨大学则研制出了水平串联型（Horizontal Series）自动选料的装配机器人 SCARA（Selective Compliance Assembly Robot Arm，平面关节型机器人）。同年，德国 REIS（莱斯，现为 KUKA 成员）公司研制出了世界首台具有独立控制系统、用于压铸生产线的工件装卸的 6 轴机器人 RE15。

1979 年：日本 NACHI（不二越）公司研制了世界首台电机驱动的多关节焊接机器人。

1981 年：美国 PaR Systems 公司研制出了世界首台直角坐标（Cartesian Coordinate）的龙门式机器人。

1983 年：日本 DAIHEN（大阪变压器集团 Osaka Transformer Co.,Ltd 所属，国内称 OTC 或欧希地）公司研发了世界首台具有示教编程功能的焊接机器人。

同年，美国著名的 Westinghouse Electric Corporation(西屋电气公司，又译威斯汀豪斯公司)并购了 Unimation 公司。随后，又将其并入了瑞士 Staubli（史陶比尔）公司。

1984 年：美国 Adept Technology（娴熟技术）公司研制了世界首台电机直接驱动、无传动齿轮和铰链的 SCARA 机器人 Adept One。

1985 年：德国 KUKA（库卡）公司研制出了世界首台具有 3 个平移自由度和 3 个转动自由度，总共有 6 个自由度的 Z 型机器人。

1988 年：总部位于瑞典的 ASEA 公司和总部位于瑞士的 Brown.Boveri & Co.，Ltd（布朗勃法瑞，即 BBC）公司合并，成立了集团总部位于瑞士苏黎世的 ABB 公司。

1991 年：日本 DAIHEN（欧希地）公司研发了世界首台采用 3 轴并联结构（Parallel）的包装机器人 Delta。

1998 年：ABB 公司在 Delta 机器人的基础上，研制出了 Flex Picker 柔性手指。该机器人装备有识别物体的图像处理系统，每分钟能够拾取 120 个物体。同时，该公司还研发了 Robot Studio 机器人离线编程和仿真软件。

2004 年：日本 YASKAWA（安川）公司推出了 NX100 机器人控制系统，该系统最大可控制 4 通道、38 轴。

2005 年：日本 YASKAWA（安川）公司推出了新一代的双腕 7 轴工业机器人。

2006 年：意大利 COMAU（柯马，菲亚特成员、著名的数控机床生产企业）公司推出了首款 WiTP 无线示教器。

2008 年：日本 FANUC（发那科）公司、YASKAWA（安川）公司的工业机器人累计销量相继突破 20 万台，成为全球工业机器人累积销量最大的企业。

2009 年：ABB 公司研制出全球精度最高、速度最快的 6 轴小型机器人 IRB120。

2011 年：ABB 公司研制出全球最快码垛机器人 IRB460。

2013 年：日本 NACHI（不二越）研制出了世界最快的轻量机器人 MZ07。

同年，Google 公司开始大规模并购机器人公司，至今已相继并购了 Autofuss、Boston Dynamics（波士顿动力）、Bot & Dolly、DeepMind（英）、Holomni、Industrial Perception、Meka、Redwood Robotics、Schaft（日）、Nest Labs、Spree、Savioke 等多家公司。

2014 年：ABB 公司研制出世界上首台真正实现人机协作的机器人 YuMi。

同年，德国 REIS（徕斯）公司并入 KUKA（库卡）公司。

四、主要的机器人生产企业

国际著名的工业机器人生产企业通常都有较长的产品研发生产历史，积累了丰富的产品研发制造经验。以上著名企业进入工业机器人领域的时间，基本上可分为图1-2-11所示的20世纪60年代末、70年代中、70年代末3个时期。

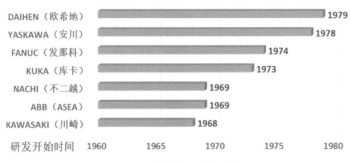

图1-2-11　主要产品研发生产历史

KAWASAKI（川崎）、NACHI（不二越）、ABB（ASEA）是全球从事工业机器人研发生产最早的企业，它们都在20世纪60年代末就开始研发生产工业机器人；FANUC（发那科）、KUKA（库卡）等公司在20世纪70年代中期进入工业机器人研发生产行列；而YASKAWA（安川）、DAIHEN（欧希地）等公司则在20世纪70年代末开始研发生产工业机器人。

根据从事工业机器人研发的时间及产品生产国，以上公司与工业机器人相关的主要产品研发情况简介如下。

（一）国外企业

1. FANUC（发那科）公司

FANUC公司是著名的数控系统（CNC）生产厂家和全球产量较大的工业机器人生产厂家，其产品的技术水平居世界领先地位。

FANUC公司从1956年起就开始从事数控和伺服①的民间研究。1972年正式成立FANUC公司；1974年开始研发、生产工业机器人。

FANUC公司的工业机器人代表性产品如图1-2-12所示，工业机器人及关键部件的研发、生产简况如下：

1972年，FANUC公司正式成立。

1974年开始进入工业机器人的研发、生产领域，并从美国GETTYS公司引进了直流伺服电机的制造技术，进行商品化与产业化生产。

1977年，开始批量生产、销售ROBOT-MODELL工业机器人。

1982年，FANUC公司和GM公司合资，在美国成立了GM Fanuc机器人公司（GM Fanuc Robotics Corporation），专门从事工业机器人的研发和生产；同年，成功研发了交流伺服电机产品。

---

① 伺服："伺服"一词源于希腊语"奴隶"的意思。人们想把"伺服机构"当个得心应手的驯服工具，服从控制信号的要求而动作。在信号来到之前，转子静止不动；信号来到之后，转子立即转动；当信号消失，转子能即时自行停转。由于它的"伺服"性能，因此而得名——伺服系统。

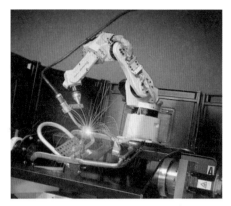
(a) 智能焊接机器人

(b) 并联机构机器人（AR模型）

图1-2-12 FANUC公司代表性产品

1992年，FANUC公司在美国成立了全资子公司GE Fanuc机器人公司。同年，该公司和我国原机械电子工业部北京机床研究所合资，成立了北京发那科机电有限公司。

1997年，与上海电气集团合资，成立了上海发那科（FANUC）机器人有限公司，成为最早进入我国市场的国外工业机器人企业之一。

2003年，智能工业机器人研发成功，并开始批量生产。

2008年，成为突破20万台工业机器人的生产企业。

2009年，并联结构工业机器人研发成功，并开始批量生产。

2011年，成为突破25万台工业机器人的生产企业。

2. ABB公司

ABB公司的工业机器人研发始于1969年的瑞典ASEA公司，它是全球最早从事工业机器人研发制造的企业之一。

ABB（Asea Brown Boveri）集团公司是由原总部位于瑞典的ASEA（阿西亚）公司和总部位于瑞士的Brown.Boveri & Co., Ltd（布朗勃法瑞，简称BBC）公司于1988年合并而成的。这两个公司都是具有百年历史的著名电气公司。ABB的集团总部位于瑞士苏黎世；其低压交流传动研发中心位于芬兰；赫尔辛基中压传动研发中心位于瑞士；而直流传动及传统低压电器等产品的研发中心则位于德国的法兰克福。

在组建ABB集团公司前，ASEA公司和BBC公司都是全球著名的电力和自动化技术设备大型生产企业。

ASEA公司成立于1890年。1942年，该公司研发制造了世界首台120 MV·A/220 kV变压器。1954年，其建造了世界首条100 kV高压直流输电线路等重大产品和工程。1969年，ASEA公司研发出全球第一台喷涂机器人，开始进入工业机器人的研发制造领域。

BBC公司成立于1891年。1891年，其成为全球首家高压输电设备生产供应商。1901年，该公司研发制造了欧洲首台蒸汽涡轮机等重大产品。BBC又是著名的低压电器和电气传动设备生产企业，其产品遍及工商业、民用建筑配电、各类自动化设备等大型基础设施工程。

组建后的ABB公司业务范围更广，是世界电力和自动化技术领域的领导厂商之一。ABB公司负责建造了我国第一艘采用电力推进装置的科学考察船、第一座自主设计的半潜式钻井平台、第一条全自动重型卡车冲压生产线等重大设施。其还承担了以下重大工程的建设：四川锦屏至江苏苏南的 2090 km、7200 MW/800 kV 输电线路；全长 1068 km、350 km/h 的武广高铁线路；江苏的如东海上风电基地；上海的罗泾码头；江苏的沙钢集团等。

ABB 公司的工业机器人累计销量已超过 20 万台，其产品规格全、产量大，是世界著名的工业机器人制造商和我国工业机器人的主要供应商之一。ABB 公司代表性产品如图 1-2-13 所示。工业机器人及关键部件的研发、生产简况如下：

1969 年，ASEA 公司研制出全球首台喷涂机器人，并在挪威投入使用。

1974 年，ASEA 公司研制出了世界首台微机控制、全电气驱动的 5 轴涂装机器人 IRB6。

1998 年，ABB 公司研制出了 Flex Picker 柔性手指和 Robot Studio 离线编程和仿真软件。

2005 年，ABB 公司在上海成立机器人研发中心，并建立了机器人生产线。

2009 年，研制出图 1-2-13（a）所示的当时全球精度最高、速度最快、质量为 25 kg 的 6 轴小型工业机器人 IRB 120。

2010 年，ABB 公司最大的工业机器人生产基地和唯一的喷涂机器人生产基地—中国机器人整车喷涂实验中心在中国建成。

2011 年，ABB 公司研制出全球最快码垛机器人 IRB 460。

2014 年，ABB 公司研制出图 1-2-13（b）所示的是当前全球首台真正意义上可实现人机协作工作台机器人 YuMi。

2015 年：收购 Gomtec 加码协作机器人业务。

2016 年：收购瑞典系统集成公司 SVIA。

2017 年：收购贝加莱与收购 GE 工业系统业务。

截止 2017 年底：ABB 拥有研发、制造、销售和工程服务等全方位的业务活动 40 家本地企业。

2018 年：ABB 庆应用中心正式开业，为户提供从应用开发、前端销售、系统成到客户服务的全价值链业务支持。

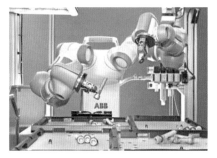

(a) IRB 120机器人（AR模型）　　　　　　(b) YuMi机器人（AR模型）

图1-2-13　ABB公司代表性产品

3. YASKAWA（安川）公司

YASKAWA 公司成立于 1915 年，是全球著名的伺服电机、伺服驱动器、变频器和工业机器人生产厂家，主要产品的技术水平居世界领先地位。

YASKAWA 公司代表性产品如图 1-2-14 所示，工业机器人及关键部件的研发、生产简况如下：

1915 年，YASKAWA 公司正式成立。

1954 年，与 BBC（Brown.Boveri & Co.，Ltd）德国公司合作，开始研发直流电机产品。

1958 年，发明直流伺服电机。

1977 年，垂直多关节机器人 MOTOMAN-L10 研发成功，创立了 MOTOMAN 工业机器人品牌。

1983 年，开始产业化生产交流伺服驱动产品。

1988 年，真空机器人研发成功。

1990 年，带电作业机器人研发成功，MOTOMAN 机器人中心成立。

1996 年，北京工业机器人合资公司正式成立。

2003 年，MOTOMAN 机器人总销量突破 10 万台。

2005 年，推出新一代双腕、7 轴工业机器人，并批量生产。

2006 年，安川 MOTOMAN 机器人总销量突破 15 万台，继续保持工业机器人产量全球领先地位。

2008 年，安川 MOTOMAN 机器人总销量突破 20 万台，与 FANUC 公司同时成为全球工业机器人总产量超 20 万台的企业。

2014 年，安川 MOTOMAN 机器人总销量突破 30 万台。

（a）双腕、6自由度机器人　　　　　（b）7轴机器人

图1-2-14　YASKAWA公司代表性产品

4. KUKA（库卡）公司

KUKA 公司的创始人为 Johann Josef Keller 和 Jakob Knappich，公司于 1898 年在德国巴伐利亚州的奥格斯堡（Augsburg）正式成立，取名为 Keller und Knappich Augsburg（KUKA）。KUKA 公司最初的主要业务为室内及城市照明；后开始从事焊接设备、大型容器、市政车辆的研发生产。1966 年，成为欧洲市政车辆的主要生产商。

KUKA 公司的工业机器人研发始于 1973 年。1995 年，其机器人事业部与焊接设备事业部分离，成立 KUKA 机器人有限公司。KUKA 公司是世界著名的工业机器人制造商之一，其产品规格全、产量大，也是我国目前工业机器人的主要供应商之一。

KUKA 公司代表性产品如图 1-2-15 所示，工业机器人及关键部件的研发、生产简况如下：

1973 年，研发出世界首台 6 轴工业机器人 FAMULUS。

1976 年，研发出新一代 6 轴工业机器人 IR 6/60。

1985 年，研制出世界首台具有 3 个平移和 3 个转动自由度的总共有 6 个自由度的 Z 型机器人。

1989 年，研发出交流伺服驱动的工业机器人产品。

2007 年，"KUKA titan" 6 轴工业机器人研发成功，产品被收入吉尼斯纪录。

2010 年，研发出工作范围 3100 mm、载重 300 kg 的 KR Quantec 系列大型工业机器人。

2012 年，研发出小型工业机器人产品系列 KR Agilus。

2013 年，研发出图 1-3-11 (a) 所示的 moiros 概念机器人车，并获 2013 年汉诺威工业展机器人应用方案冠军和 Robotics Award 大奖。

2014 年，德国 REIS（徕斯）公司并入 KUKA 公司。

2017 年，KUKA 机器人被中国美的集团收购，成为国产品牌。

 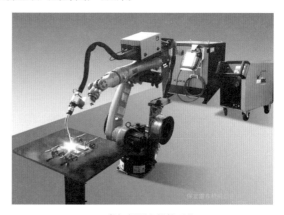

（a）moiros概念机器人车 （b）机器人焊接系统

图1-2-15 KUKA公司代表性产品

5. KAWASAKI（川崎）公司

KAWASAKI 公司成立于 1878 年，是具有悠久历史的日本著名大型集团。集团公司以川崎重工业株式会社（KAWASAKI）为核心，下辖有车辆、航空宇宙、燃气轮机、机械、通用机、船舶等部门及上百家分公司和企业。KAWASAKI（川崎）公司的业务范围涵盖航空、航天、军事、电力、铁路、造船、工程机械、钢结构、发动机、摩托车、机器人等众多领域，产品代表了日本科技的先进水平。

KAWASAKI 公司的主营业务为机械成套设备，产品包括飞机（特别是直升飞机）、坦克、桥梁、电气机车及火力发电、金属冶炼设备等。日本第一台蒸汽机车，东京的山手线、中央线和新干线的电气机车等大都由 KAWASAKI 公司制造或建设，显示了该公司在装备制造业的强劲实力。

KAWASAKI 公司是日本仅次于三菱重工的著名军工企业，是日本自卫队飞机和潜艇的主要生产商。日本第一艘潜艇"榛名"号战列舰、"加贺"号航空母舰、"飞燕"战斗机、"五式"战斗机、"一式"运输机等著名军用产品也都由 KAWASAKI 公司参与建造。

KAWASAKI 公司同时也是世界著名的摩托车和体育运动器材生产厂家。KAWASAKI 公司的摩托车产品主要为运动车、赛车、越野赛车、美式车及四轮全地形摩托车等高档车，它是世界首家批量生产 DOHC 并列四缸式发动机摩托车的厂家，所生产的中量级摩托车曾连续四年获得世界冠军。KAWASAKI 公司所生产的羽毛球拍是世界两大品牌之一，此外其球鞋、服装等体育运动产品也很著名。

KAWASAKI 公司的工业机器人研发始于 1968 年，是日本最早研发、生产工业机器人的著名企业之一，曾研制出了日本首台工业机器人。"Kawasaki-Unimation2000"和全球首台用于摩托车车身焊接的弧焊机器人等标志性产品，显示其在焊接机器人的技术方面居世界领先地位。

图 1-2-16 为 KAWASAKI 代表性产品。

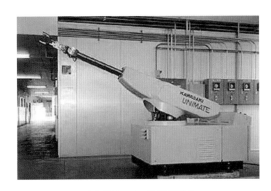

（a）Unimation2000机器人

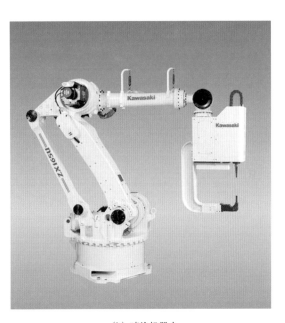

（b）喷涂机器人

图1-2-16　KAWASAKI公司代表性产品

6. NACHI（不二越）公司

NACHI 公司是日本著名的机床企业集团，其主要产品有轴承、液压元件、刀具、机床、工业机器人等。

NACHI 公司从 1925 年的锯条研发起步，于 1928 年正式成立 NACHI 公司。1934 年，公司产品拓展到综合刀具生产。1939 年，开始批量生产轴承。1958 年，开始进入液压件生产。1969 年，开始研发生产机床和工业机器人。

NACHI 公司的工业机器人的研发始于 1969 年，是日本最早研发生产的工业机器人生产厂家之一。其焊接机器人、搬运机器人技术居世界领先水平。

图 1-2-17 为 NACHI 公司代表性产品。

在工业机器人研发方面，不二越公司曾在 1979 年成功研制出了世界首台电机驱动多关节焊接机器人。2013 年，成功研制出 300mm、往复时间达 0.31s 的当时世界最快的轻量机器人 MZ07。这些产品都代表了当时工业机器人在某一方面的最高技术水平。

NACHI 公司的中国机器人商业中心成立于 2010 年，进入中国市场较晚。

（a）搬运机器人　　　　　　　　　　　　（b）MZ07机器人

图1-2-17　NACHI公司代表性产品

7. DAIHEN（欧希地）公司

DAIHEN 公司为日本大阪变压器集团（Osaka Transformer Co., Ltd, OTC）所属企业。因此，国内称其为"欧希地（OTC）"公司。

DAIHEN 公司是日本著名的焊接机器人生产企业，该公司自 1979 年起开始从事焊接机器人的生产。图 1-2-18（a）所示为协同作业机器人焊接系统；图 1-2-18（b）所示为具有示教编程功能的焊接机器人。这些产品的研发，都对工业机器人的技术进步和行业发展起到了重大的促进作用。

 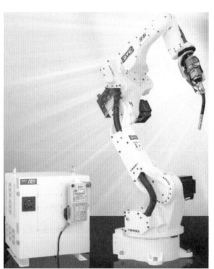

（a）协同作业焊接系统　　　　　　（b）具有示教编程功能的焊接机器人

图1-2-18　DAIHEN 公司代表性产品

DAIHEN 公司自 2001 年起开始和 NACHI 公司合作研发工业机器人。自 2002 年起，DAIHEN 公司先后在我国成立了欧希地机电（上海）有限公司、欧希地机电（青岛）有限公司及欧希地机电（上海）有限公司下属的广州、重庆、天津分公司，以进行工业机器人产品的生产和销售。

（二）国内企业

1. 新时达

新时达公司在2003年收购了德国 Anton Sigriner Elektronik GmbH 公司，秉承德国 Sigriner 科学、严谨的创新理念，不断追求卓越品质。其在德国巴伐利亚与中国上海分别设立了研发中心，力求把全球领先的德国机器人技术引入中国。2013年在中国上海建立的生产基地，其产品系列已覆盖6～275 kg 的机器人。

新时达机器人适用于各种生产线上的焊接、切割、打磨抛光、清洗、上下料、装配、搬运码垛等上下游工艺的多种作业，更广泛应用于电梯、金属加工、橡胶机械、工程机械、食品包装、物流装备、汽车零部件等制造领域。

其应用于物料搬运、装配领域的工业机器人，如图 1-2-19（a）所示；其用于加工行业的工业机器人及其作业范围如表 1-2-1 所示；所生产的 SCARA 机器人如图 1-2-19（b）所示。

表 1-2-1　新时达 SCARA 机器人的应用

行　　业	作　业　范　围
金属加工	冲床上下料，CNC 上下料，工件打磨，去毛刺
电子产品	组装，IC 芯片的测试搬运，点焊，焊锡，涂胶，打螺钉，插件，工件打磨
汽车、摩托车零部件	搬运，涂胶，点焊
LCD/LED 和玻璃	玻璃板的搬运，LCM 模组的组装，硅晶片、显示屏的搬运
激光	点焊，切割
家电	家电产品的组装、搬运，打螺钉
科研	师生教学，学校科研开发

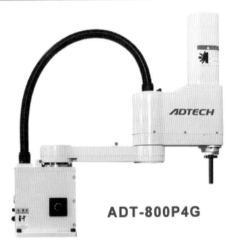

（a）工业机器人　　　　　　（b）SCARA机器人

图1-2-19　新时达公司代表性产品

2. 沈阳新松

新松公司隶属于中国科学院，是一家以机器人技术为核心、致力于数字化智能制造装备的高科技上市企业，是全球机器人产品线最全的厂商之一。在沈阳、上海、杭州、青岛建有机器人产业园，在北京、广州、香港等城市设立了多家控股子公司，在上海建有新松国际总部。目前，公司总市值位居国际同行业前三位，是成长性机器人行业的全球第一，新松公司商标及代表性产品如图 1-2-20 所示。

Delta 机器人属于高速、轻载的并联机器人，一般通过示教编程或视觉系统捕捉目标物体。该机器人由 3 个并联的伺服轴确定抓具中心（TCP）的空间位置，从而实现目标物体的运输以及加工等操作。Delta 机器人主要应用于食品、药品和电子产品等的加工、装配。Delta 机器人以其质量小、体积小、运动速度快、定位精确、成本低、效率高等特点，正在市场上被广泛应用。

电动筒式双举升装配型 AGV 是新松公司根据负载的不断增大，尤其后桥装配需要增加减振弹簧压缩以防止白车身[1] 顶起的拉紧链条的实际情况而设计的双举升 AGV 产品。主要由 AGV 车体和两台 AJS1000 升降机等组成。其适用于汽车的动力总成[2]、有压缩减振弹簧的后悬架总成与白车身合装。

(a) Delta机器人

(b) 电动筒式双举升装配型AGV

图1-2-20 新松公司代表性产品

3. 广州数控公司

广州数控公司专心致力于智能装备产业发展的研究与实践，是国内首批国家级企业技术中心，全国机床数控系统标准委员会主任单位，中国机床工具行业协会工业机器人应用分会秘书长单位，国家科技重大专项、国家 863 科技计划项目、国家智能制造专项承担单位，广州数控公司代表性产品如图 1-2-21 所示。

广州数控公司目前已经研发了 RB 系列的搬运机器人、RH 系列焊接机器人、RMD 系列码垛机器人、C 系列并联机器人、RSP 系列水平机器人、RP/PT 系列喷涂机器人等。

---

① 白车身：白车身是指完成焊接但未涂装之前的车身，不包括四门两盖等运动件。

② 动力总成：英文名称Powertrain，指的是车辆上产生动力，并将动力传递到路面的一系列零部件组件。广义上包括发动机、变速器、驱动轴、差速器、离合器等，但通常情况下，其一般仅指发动机、变速器以及集成到变速器上面的其余零件，如离合器、前差速器等。

(a) 码垛机器人

(b) 并联机器人

图1-2-21 广州数控公司代表性产品

4. 华中数控公司

华中数控公司在高端数控机床领域已经有了一定突破，在机器人的控制系统、驱动装置、伺服电机等关键领域具有自主研发的核心竞争力。华中数控的 6 轴多关节机器人，目前已经广泛应用于焊接、拼装、喷涂、搬运等领域，华中数控公司代表性产品如图 1-2-22 所示。

华中数控公司在数控技术应用领域和向智能装备的发展上做了积极应对，包括研制华中 8 型、切入机器人等。

(a) 5轴工业机器人

(b) 6轴工业机器人

图1-2-22 华中数控公司代表性产品

5. 埃夫特智能装备股份有限公司

埃夫特智能装备股份有限公司成立于 2007 年 8 月，是国产机器人行业的领导企业，也是中国机器人产业联盟发起人和副主席单位。埃夫特公司在意大利成立了智能喷涂机器人研发中心和智能机器人应用研发中心，在美国也设立了人工智能和下一代机器人研发中心，其公司代表性产品如图 1-2-23 所示。

埃夫特公司先后牵头并承担了多项国家科技部、工信部和发改委的项目，其研制的载重达165 kg 的机器人载入中国企业创新纪录，荣获了 2012 年中国国际工业博览会银奖。埃夫特机器人及其解决方案也被广泛应用到汽车及零部件、卫陶、五金、消费类电子、家电、机加工、酿酒、木器和家具等行业。

2015 年和 2016 年埃夫特公司先后收购意大利 CMA 公司和意大利 EVOLUT 公司，强化其在喷涂机器人领域和机器人金属加工领域的竞争力。

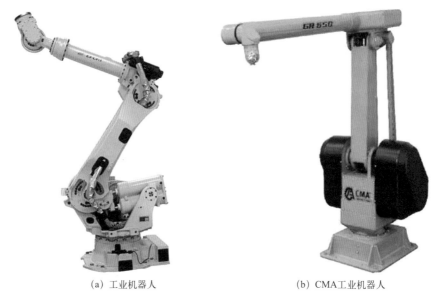

(a) 工业机器人   (b) CMA工业机器人

图1-2-23　埃夫特公司代表性产品

课后习题

1. 工业机器人是一种"能够自动_____控制，可重复_____的、多_____的、多_____的操作机，能搬运材料、零件或操持工具，用于完成各种作业。

2. 简述工业机器人的未来发展趋势。

3. 写出常见工业机器人的国外品牌和国内品牌。

项目二
工业机器人本体结构认知

工业机器人的
组成和分类

通过项目一的学习，了解了工业机器人主要用于工业生产中代替人做某些单调、频繁和重复的长时间作业，或在危险、恶劣环境下的作业。从本项目开始，将开始研究工业机器人的本体结构，认识工业机器人的组成和分类、技术参数、机械结构及运动。

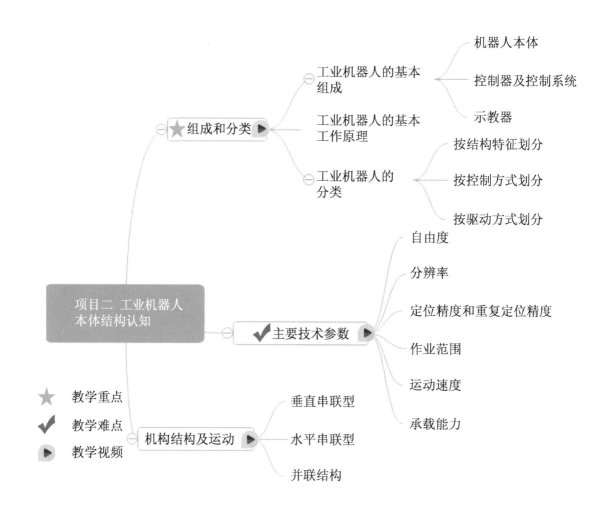

项目二 工业机器人本体结构认知

- ★ 组成和分类 ▶
  - 工业机器人的基本组成
    - 机器人本体
    - 控制器及控制系统
    - 示教器
  - 工业机器人的基本工作原理
  - 工业机器人的分类
    - 按结构特征划分
    - 按控制方式划分
    - 按驱动方式划分
- ✔ 主要技术参数 ▶
  - 自由度
  - 分辨率
  - 定位精度和重复定位精度
  - 作业范围
  - 运动速度
  - 承载能力
- 机构结构及运动 ▶
  - 垂直串联型
  - 水平串联型
  - 并联结构

★ 教学重点
✔ 教学难点
▶ 教学视频

学习任务一 工业机器人的组成和分类

任务目标

- 通过学习工业机器人的基本组成、工作原理、种类特点，培养分析、归纳和总结能力。
- 学习工业机器人的基本工作原理，总结和归纳原理要点。
- 观察和分析不同种类工业机器人，判断和总结不同类型机器人特点。

知识准备

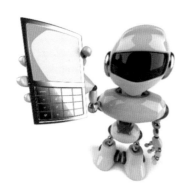

工业机器人的基本组成是什么？

一、工业机器人的基本组成

工业机器人是一种模拟人类手臂、手腕和手功能的机电一体化装置。一台通用的工业机器人从体系结构来看，可以分为机器人本体、控制器与控制系统、示教器三大部分，具体结构如图2-1-1所示。

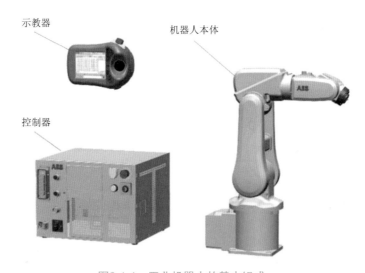

示教器

机器人本体

控制器

图2-1-1 工业机器人的基本组成

1. 机器人本体

（1）机械臂

大部分工业机器人为关节型机器人，关节型机器人的机械臂是由若干个机械关节连接在一起的集合体。图 2-1-2 所示为典型的 6 关节工业机器人，由机座、腰部（关节 1）、大臂（关节 2）、肘部（关节 3）、小臂（关节 4）、腕部（关节 5）和手部（关节 6）构成。

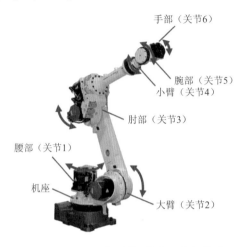

图2-1-2　典型的6关节工业机器人

①机座。机座是机器人的支承部分，内部安装有机器人的执行机构和驱动装置。

②腰部。腰部是连接机器人机座和大臂的中间支承部分。工作时，腰部可以通过关节 1 在机座上转动。

③臂部。六关节机器人的臂部一般由大臂和小臂构成，大臂通过关节 2 与腰部相连，小臂通过肘关节 3 与大臂相连。工作时，大、小臂各自通过关节电动机转动，实现移动或转动。

④手腕。手腕包括手部和腕部，是连接小臂和末端执行器的部分，主要用于改变末端执行器的空间位姿，联合机器人的所有关节实现机器人的动作和状态。

（2）驱动与传动装置

工业机器人的机座、腰部关节、大臂关节、肘部关节、小臂关节、腕部关节和手部关节构成了机器人的外部结构或机械结构。机器人运动时，每个关节的运动通过驱动装置和传动机构实现。图 2-1-3 所示为机器人运动关节的组成，要构成多关节机器人，其每个关节的驱动及传动装置缺一不可。

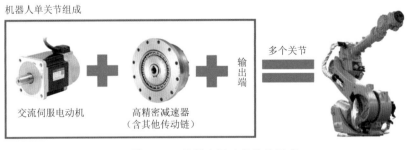

图2-1-3　机器人运动关节的组成

驱动装置是向机器人各机械臂提供动力和运动的装置；传动装置则是向机器人各机械臂提供扭矩和转速。不同类型的机器人，驱动采用的动力源不同，驱动系统的传动方式也不同。驱动系统的传动方式主要有液压式、气压式、电力式和机械式四种。其中，电力驱动是目前使用最多的一种驱动方式，其特点是电源取用方便，响应快，驱动力大以及信号传递、检测、处理方便，并可以采用多种灵活的控制方式。驱动电动机一般采用步进电动机或伺服电动机，目前也有采用力矩电动机的案例，但是造价较高，控制也较为复杂。和电动机相配的减速器一般采用谐波减速器、摆线针轮减速器或行星轮减速器。

为了检测作业对象及工作环境，研制人员在工业机器人上安装了诸如触觉传感器、视觉传感器、力觉传感器、接近传感器、超声波传感器和听觉传感器等设备。这些传感器可以大大改善机器人的工作状况和工作质量，使它能充分地完成复杂的工作。

2. 控制器与控制系统

控制系统是工业机器人的神经中枢，由计算机硬件、软件和一些专用电路、控制器、驱动器等构成。工作时，机器人本体根据控制系统中编写的指令以及传感信息的内容，完成一定的动作或路径。所以，控制系统主要用于处理机器人工作的全部信息。控制柜内部结构如图2-1-4所示。

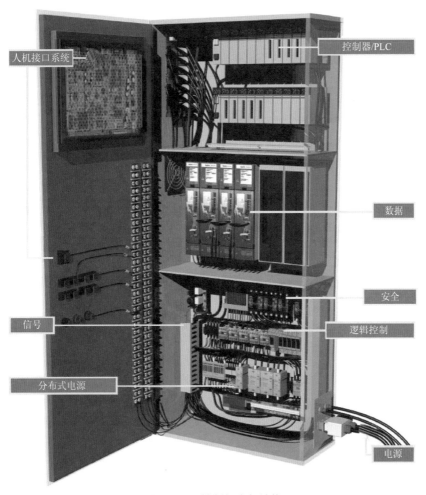

图2-1-4 控制柜内部结构

实现对机器人的控制，除了计算机硬件系统外，还必须有相应的软件控制系统。通过软件控制系统，可以方便地建立、编辑机器人控制程序。目前，世界各大机器人公司都有自己完善的软件控制系统。

3. 示教器

示教器是人机交互的一个接口，也称示教盒或示教编程器，主要由液晶屏和可供触摸的操作按键组成。操作时由控制者手持设备，通过按键将需要控制的全部信息通过与控制器连接的电缆送入控制柜的存储器中，实现对机器人的控制。示教器是机器人控制系统的重要组成部分，操作者不仅可以通过示教器进行手动示教，控制机器人到达不同位姿，并记录各个位姿点的坐标；还可以利用机器人编程语言进行在线编程，实现程序回放，让机器人按照编写好的程序完成轨迹运动。

示教器上设有对机器人进行示教和编程所需的操作键和按钮。一般情况下，不同机器人厂商的示教器的外观各不相同，但一般都包含中间的液晶显示区、功能按键区、急停按钮等。图 2-1-5 所示为某品牌机器人的示教器外观。

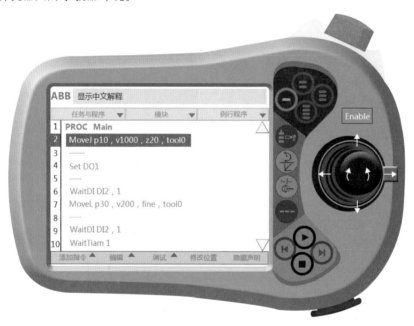

图2-1-5　某品牌机器人的示教器外观（AR模型）

二、工业机器人的工作原理

工业机器人的基本工作原理是示教再现；示教也称引导，即由用户引导机器人，一步步按设定操作一遍。而机器人在引导过程中，自动记录示教过程中每一个动作的位置、姿态、运动参数／工艺参数，并生成一个完整的、连续执行的程序。完成示教后，只需要给机器人一个启动命令，机器人就能精确地按照示教动作，一步步完成全部操作，工作原理如图 2-1-6 所示。

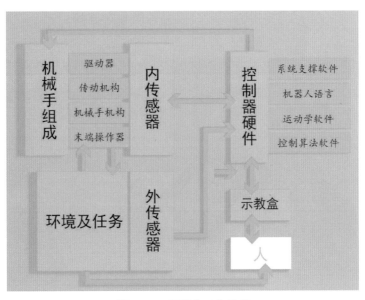

图2-1-6　机器人工作原理

三、工业机器人的分类

工业机器人的种类很多，其功能、特征、驱动方式、应用场合等参数不尽相同。目前，国际上还没有形成机器人的统一划分标准。在项目一中了解到，通过机器人的应用领域来划分机器人是最通俗易懂的方式。从机器人的结构特征、控制方式、驱动方式等方面进行如下分类。

1. 按结构特征划分

机器人的结构形式多种多样，机器人的典型运动特征是通过其坐标特性来描述的。按结构特征来分，工业机器人通常可以分为直角坐标机器人、圆柱坐标机器人、球面坐标机器人（又称极坐标机器人）、多关节机器人、并联机器人等，如图2-1-7所示。

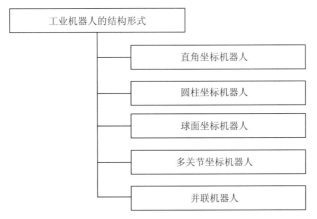

图2-1-7　工业机器人结构形式类型

（1）直角坐标机器人

直角坐标机器人是指在工业应用中，能够实现自动控制的、可重复编程的、在空间上具有相互垂直关系的 3 个独立自由度的多用途机器人，其结构如图 2-1-8 所示。

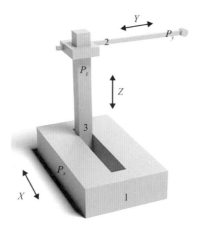

图2-1-8　直角坐标机器人（AR模型）

从图 2-1-8 中可以看出，机器人在空间坐标系中有 3 个相互垂直的移动关节 X、Y、Z，每个关节都可以在独立的方向移动。

直角坐标机器人的特点是直线运动、控制简单。缺点是灵活性较差，自身占据空间较大。

目前，直角坐标机器人可以非常方便地用于各种自动化生产线中，可以完成诸如焊接、搬运、上下料、包装、码垛、检测、探伤、分类、装配、贴标、喷码、打码、喷涂、目标跟随以及排爆等一系列工作。

（2）圆柱坐标机器人

圆柱坐标机器人是指能够形成圆柱坐标系的机器人，如图 2-1-9 所示。其结构主要由一个旋转机座形成的转动关节和垂直、水平移动的两个关节构成。柱面坐标机器人末端执行器的位姿由参数 $(z、r、\theta)$ 决定。

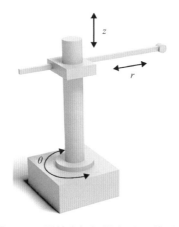

图2-1-9　圆柱坐标机器人（AR模型）

圆柱坐标机器人具有空间结构小、工作范围大、末端执行器速度快、控制简单、运动灵活等优点。缺点是工作时必须有沿 r 轴前后方向的移动空间，空间利用率低。

目前，圆柱坐标机器人主要用于重物的装卸、搬运等工作。著名的 Versatran 机器人就是一种

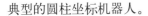

典型的圆柱坐标机器人。

（3）球面坐标机器人

球面坐标机器人的结构如图2-1-10所示，一般由两个回转关节和一个移动关节构成。其轴线按极坐标①配置，r为移动坐标，β是手臂在铅垂面内的摆动角度，θ是绕手臂支承底座垂直轴的转动角度。这种机器人所有运动轨迹形成的表面是半球面，所以称为球面坐标机器人。

球面坐标机器人同样占用空间小，操作灵活且范围大，但运动学模型较复杂，难以控制。

（4）多关节机器人

多关节机器人也称关节手臂机器人或关节机械手臂，是当今工业领域中应用最为广泛的一种机器人。多关节机器人根据关节构造的不同形式，又可分为垂直多关节机器人和水平多关节机器人。

垂直多关节机器人主要由机座和多关节臂组成，目前常见的关节臂数是3~6个。某品牌6关节臂机器人的结构如图2-1-11所示。

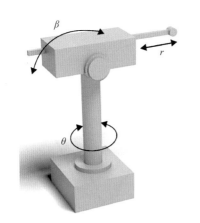

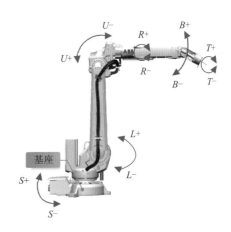

图2-1-10　球面坐标机器人（AR模型）　　　　图2-1-11　6关节臂机器人的结构

由图2-1-11可知，这类机器人由多个旋转和摆动关节组成。其结构紧凑，工作空间大，动作接近人类，工作时能绕过机座周围的一些障碍物，对装配、喷涂、焊接等多种作业都有良好的适应性，且适合电动机驱动，关节密封防尘比较容易。目前，瑞士ABB、德国KUKA、日本安川以及国内的一些公司都在研发这类产品。

水平多关节机器人也称为SCARA(Selective Compliance Assembly Robot Arm）机器人。水平多关节机器人的结构如图2-1-12所示。这类机器人一般具有4个轴和4个运动自由度，它的第一、二、三轴都具有转动特性，而第四轴则具有线性移动的特性。此外，第三轴和第四轴还可以根据工作需求，形成多种不同的形态。

水平多关节机器人的特点在于作业空间与占地面积比很大，使用起来方便；在垂直升降方向的刚性好，尤其适合平面装配作业。

目前，水平多关节机器人广泛应用于电子产品工业、汽车工业、塑料工业、药品工业和食品工业等领域，用以完成搬取、装配、喷涂和焊接等操作。

---

① 极坐标：在平面内取一个定点O，叫作极点；引一条射线Ox，叫作极轴；再选定一个长度单位和角度的正方向（通常取逆时针方向）。对于平面内任何一点M，用ρ表示线段OM的长度（有时也用r表示），θ表示从Ox到OM的角度，ρ叫作点M的极径，θ叫作点M的极角，有序数对(ρ,θ)叫作点M的极坐标，这样建立的坐标系叫作极坐标系。

(5）并联机器人

并联机器人因其形似八脚蜘蛛又被称为蜘蛛手机器人，是近些年来发展起来的。它是一种由固定机座和若干自由度的末端执行器以不少于两条独立运动链连接形成的新型机器人。

图2-1-13所示为6自由度的并联机器人。并联机器人具有以下特点：

①无积累误差，精度较高。

②驱动装置可置于定平台上或接近定平台的位置，运动部分质量小、速度快、动态响应好。

③结构紧凑、刚度高、承载能力强。

④完全对称的并联机构具有较好的各向同性。

⑤工作空间较小。

并联机器人广泛应用于装配、搬运、上下料、分拣、打磨、雕刻等需要高刚度、高精度或者大负载而无须很大工作空间的场合。

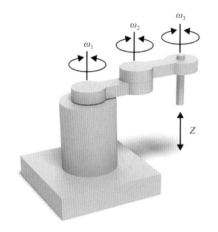

图2-1-12 水平多关节机器人（AR模型）

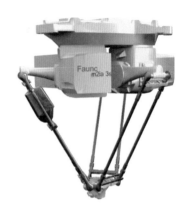

图2-1-13 并联机器人（AR模型）

2. 按控制方式划分

工业机器人根据控制方式的不同，可以分为伺服控制机器人和非伺服控制机器人两种。机器人运动控制系统最常见的方式就是伺服系统。伺服系统是指精确地跟随或复现某个过程的反馈控制系统。在很多情况下，机器人伺服系统的作用是驱动机器人的机械手准确地跟随系统输出位移指令，达到位置的精确控制和轨迹的准确跟踪。

伺服控制机器人又可细分为连续轨迹控制机器人和点位控制机器人。点位控制机器人的运动为空间中点到点之间的直线运动。连续轨迹控制机器人的运动轨迹则可以是空间的任意连续曲线。

3. 按驱动方式划分

根据能量转换方式的不同，工业机器人驱动类型可以划分为气压驱动、液压驱动、电力驱动和新型驱动4种类型。

（1）气压驱动

气压驱动机器人是以压缩空气来驱动执行机构的。这种驱动方式的优点是：空气来源方便，动作迅速，结构简单。缺点是：工作的稳定性与定位精度不高，抓力较小，所以常用于负载较小的场合。

（2）液压驱动

液压驱动是使用油液来驱动执行机构的。与气压驱动相比，液压驱动机器人具有大得多的负载能力，其结构紧凑，传动平稳，但液体容易泄漏，不宜在高温或低温场合作业。

（3）电力驱动

电力驱动是指利用电动机产生的力矩驱动执行机的。目前，越来越多的机器人采用电力驱动的驱动方式，电力驱动易于控制，运动精度高，成本低。

电力驱动又可分为步进电动机驱动、直流伺服电动机驱动及无刷伺服电动机驱动等方式。

（4）新型驱动

伴随着机器人技术的发展，出现了利用新的工作原理制造的新型驱动器，如静电驱动器、压电驱动器、形状记忆合金驱动器、人工肌肉及光驱动器等。

课后习题

1. 一台通用的工业机器人从体系结构来看，可以分为三大部分：_____、_____与_____。

2. 标注出 6 关节工业机器人各轴。

3. 伺服系统是指精确地跟随或复现某个过程的_____系统。

4. 伺服控制机器人又可细分为_____控制机器人和_____控制机器人。

5. 工业机器人驱动类型可以划分为_____驱动、_____驱动、_____驱动和新型驱动四种类型。

6. 工业机器人的基本工作原理是_____。

学习任务二　工业机器人主要技术参数

任务目标

- 通过学习和分析工业机器人各参数，养成规范意识，追求精益求精。
- 分析和判别工业机器人的类型，能甄别自由度数量，养成通过特征观察问题。
- 学习工业机器人的分辨率，具备挑选工业机器人的能力。
- 学习工业机器人的定位精度及重复定位精度，养成重复做好每件事的良好态度。

知识准备

工业机器人的主要技术参数有哪些？

一、自由度

机器人的自由度（Degree of Freedom）是描述物体运动所需要的独立坐标数。机器人的自由度是表示机器人动作灵活的尺度，一般以轴的直线移动、摆动或旋转动作的数目来表示，手部的动作不包括在内。物体在三维空间有 6 个自由度，如图 2-2-1 所示。

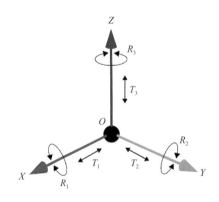

图2-2-1　三维空间的6个自由度（AR模型）

1. 机器人的关节类型

在机器人机构中，两相邻的连杆之间有一个公共的轴线，两个连杆之间允许沿该轴线相对移动或绕该轴线相对转动,构成一个关节。机器人关节的种类决定了机器人的运动自由度,转动关节、移动关节、球面关节和虎克铰关节是机器人机构中经常使用的关节类型。

转动关节通常用字母 R 表示,它允许两相邻连杆绕着关节轴线做相对转动,转角为 θ,这种关节有 1 个自由度,如图 2-2-2(a)所示。

移动关节通常用字母 P 表示,它允许两相邻连杆沿关节轴线做相对移动,移动距离为 d,这种关节有 1 个自由度,如图 2-2-2(b)所示。

球面关节通常用字母 S 表示,允许两连杆之间有 3 种独立的相对转动,这种关节具有 3 个自由度,如图 2-2-2(c)所示。

虎克铰关节通常用字母 T 表示,允许两个连杆之间有 2 种相对移动,这种关节具有 2 个自由度,如图 2-2-2(d)所示。

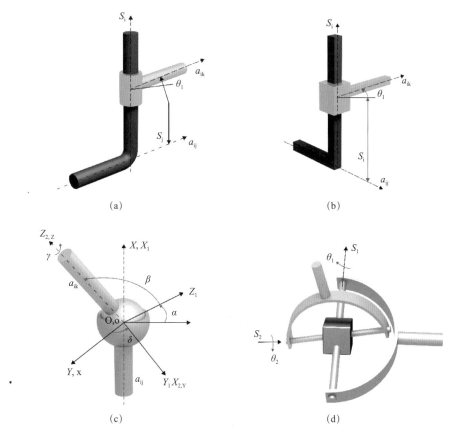

图2-2-2 机器人的关节类型（AR模型）

2. 直角坐标机器人的自由度

直角坐标机器人有 3 个自由度,如图 2-2-3 所示。直角坐标机器人臂部的 3 个关节都是移动关节,各关节轴线相互垂直。其臂部可沿 X、Y、Z 3 个方向移动,构成直角坐标机器人的 3 个自由度。这种形式的机器人的主要特点是,结构刚度大,关节运动相互独立,操作灵活性差。

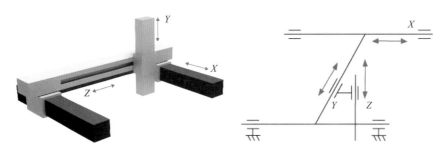

图2-2-3 直角坐标机器人（AR模型）

3. 圆柱坐标机器人的自由度

5 轴圆柱坐标机器人有 5 个自由度，如图 2-2-4 所示。臂部可沿自身轴线伸缩移动、可绕机身垂直轴线回转，以及沿机身轴线上下移动，构成 5 轴圆柱坐标机器人的 3 个自由度；另外，臂部、腕部和末端执行器三者间采用 2 个转动关节连接，构成 5 轴圆柱坐标机器人的 2 个自由度。

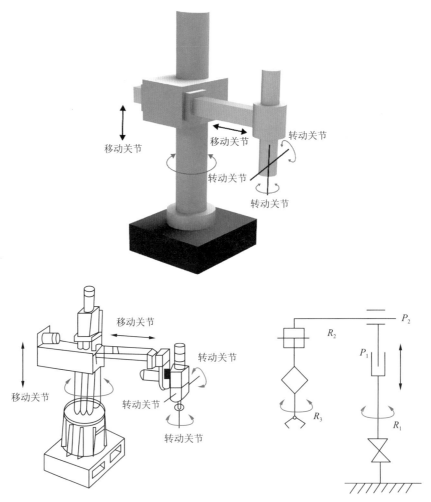

图2-2-4 圆柱坐标机器人图（AR模型）

4. 球（极）坐标机器人的自由度

球（极）坐标机器人有 5 个自由度，如图 2-2-5 所示。臂部可沿自身轴线伸缩移动，可绕机身垂直轴线回转，并可在垂直平面内上下摆动，构成 3 个自由度；另外，臂部、腕部和末端执行器三者间采用 2 个转动关节连接，构成 2 个自由度。这类机器人的灵活性好，工作空间大。

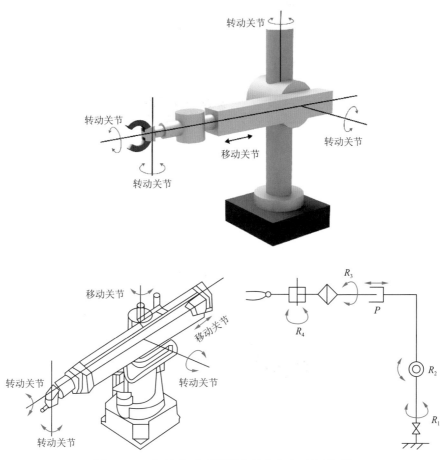

图2-2-5　球（极）坐标机器人的自由度（AR模型）

5. 关节坐标机器人的自由度

关节坐标机器人的自由度与关节机器人的轴数和关节形式有关。现以常见的 SCARA 平面关节机器人和 6 轴关节机器人为例进行说明。

（1）SCARA 平面关节机器人

SCARA 平面关节机器人有 4 个自由度，如图 2-2-6 所示。SCARA 平面关节机器人的大臂与机身的关节、大小臂间的关节都为转动关节，具有 2 个自由度；小臂与腕部处的关节为移动关节，此关节处具有 1 个自由度；腕部和末端执行器的关节为 1 个转动关节，具有 1 个自由度，实现末端执行绕垂直轴线的旋转。这种机器人适用于平面定位，在垂直方向进行装配作业。

（2）6 轴关节机器人

6 轴关节机器人有 6 个自由度，如图 2-2-7 所示。6 轴关节机器人的机身与底座处的腰关节、大臂与机身处的肩关节、大小臂间的肘关节，以及小臂腕部和手部三者间的 3 个腕关节，都是转动关节，因此该机器人具有 6 个自由度。这种机器人动作灵活、结构紧凑。

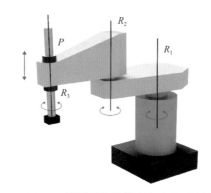

图2-2-6　SCARA平面关节机器人自由度（AR模型）

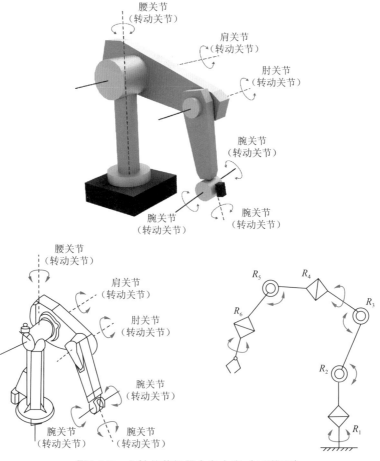

图2-2-7　六轴关节机器人自由度（AR模型）

二、分辨率

分辨率是指机器人每个关节所能实现的最小移动距离或最小转动角度。工业机器人的分辨率分编程分辨率和控制分辨率两种。

编程分辨率是指控制程序中可以设定的最小距离，又称基准分辨率。当机器人某关节电动机转动 0.1°，机器人关节端点移动距离为 0.01mm，其基准分辨率即为 0.01mm。

控制分辨率是系统位置反馈回路所能检测到的最小位移，即与机器人关节电动机同轴安装的编码盘发出单个脉冲电动机转过的角度。

三、定位精度和重复定位精度

定位精度和重复定位精度是机器人的两个精度指标。定位精度是指机器人末端执行器的实际位置与目标位置之间的偏差，由机械误差、控制算法与系统分辨率等部分组成。典型的工业机器人定位精度一般在 5 ± 0.02mm 范围。

重复定位精度是指在同一环境、同一条件、同一目标动作、同一命令之下，机器人连续重复运动若干次时，其位置的分散情况，是关于精度的统计数据。因重复定位精度不受工作载荷变化的影响，故通常用重复定位精度这一指标作为衡量示教再现工业机器人精度水平的重要指标。

精度、重复精度和分辨率的关系如图 2-2-8 所示。

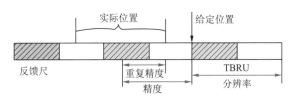

图2-2-8　精度、重复精度和分辨率的关系

四、作业范围

作业范围是机器人运动时手臂末端或手腕中心所能到达的位置点的集合，也称为机器人的工作区域。机器人作业时，由于末端执行器的形状和尺寸是跟随作业需求配置的，所以为了真实反映机器人的特征参数，机器人的作业范围是指不安装末端执行器时的工作区域。作业范围的大小不仅与机器人各连杆的尺寸有关，而且与机器人的总体结构形式有关。

作业范围的形状和大小是十分重要的，机器人在执行某作业时可能会因存在手部不能到达的盲区而不能完成任务，因此在选择机器人执行任务时，一定要合理选择符合当前作业范围的机器人。

五、运动速度

运动速度影响机器人的工作效率和运动周期，它与机器人所提取的重力和位置精度均有密切的关系。运动速度提高，机器人所承受的动载荷增大，必将承受着加减速时较大的惯性力，从而影响机器人的工作平稳性和位置精度。就目前的技术水平而言，通用机器人的最大直线运动速度大多在 1 000 mm/s 以下，最大回转速度一般不超过 120°/s。

一般情况下，机器人的生产厂家会在技术参数中标明出厂机器人的最大运动速度。

六、承载能力

承载能力是指机器人在作业范围内的任何位姿上所能承受的最大质量。承载能力不仅取决于负载的质量，而且与机器人运行的速度和加速度的大小与方向有关。根据承载能力的不同，工业机器人大致分为：

①微型机器人——承载能力为 1 N 以下。

②小型机器人——承载能力不超过 105 N。

③中型机器人——承载能力为 105 ~ 106 N。

④大型机器人——承载能力为 106 ~ 107 N。

⑤重型机器人——承载能力为 107 N 以上。

课后习题

1. 机器人的_____是描述物体运动所需的独立坐标数。

2. 分辨率是指机器人每个关节所能实现的最小_____或最小_____。工业机器人的分辨率分_____和_____两种。

3. _____是指机器人末端执行器的实际位置与目标位置之间的偏差，_____是指在同一环境、同一条件、同一目标动作、同一命令之下，机器人连续重复运动若干次时，其位置的分散情况，是关于精度的统计数据。

4. _____是机器人运动时手臂末端或手腕中心所能到达的位置点的集合，也称为机器人的工作区域。

5. 判断：运动速度提高，机器人所承受的动载荷减小。

6. _____是指机器人在作业范围内的任何位姿上所能承受的最大重量。

学习任务三　工业机器人的结构与特点

任务目标

- 知道垂直串联型工业机器人的结构运动及特点。
- 知道水平串联型工业机器人的结构运动及特点。
- 知道并联型工业机器人的结构运动及特点。

知识准备

工业机器人的结构形式有哪些？以及结构的特点是什么？

一、垂直串联型

1. 基本结构与特点

垂直串联（Vertical Articulated）是工业机器人最常用的结构形式，可用于加工、搬运、装配、包装等各种场合。

垂直串联结构机器人的本体部分，一般由 5~7 个关节在垂直方向依次串联而成，典型结构为图 2-3-1 所示的 6 关节串联。

为了便于区分，在机器人上，通常将能够在 4 个象限进行 360°或接近 360°回转的旋转轴，称为回转轴（Roll）；将只能在 3 个象限进行小于 270°回转的旋转轴（图中用虚线表示的轴），称摆动轴（Bend）。

图 2-3-1 所示的 6 轴垂直串联结构机器人可以模拟人类从腰部到手腕的运动。其 6 个运动轴分别为腰部回转轴 S（Swing）、下臂摆动轴 L（Lower Arm Wiggle）、上臂摆动轴 U（Upper Arm Wiggle）、腕回转轴 R（Wrist Rotation）、腕弯曲轴 B（Wrist Bending）、手回转轴 T（Turning）。

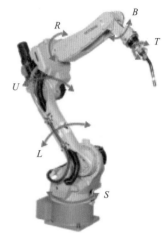

垂直串联结构机器人的末端执行器作业点的运动，由手臂和手腕、手的运动合成。6 轴典型结构机器人的手臂部分有腰、肩、肘 3 个关节，它用来改变手腕基准点（参考点）的位置，称为定位机构；手腕部分有腕回转、弯曲和手回转 3 个关节，它用来改变末端执行器的姿态，称为定向机构。

图2-3-1　6关节串联机器人

在垂直串联结构的机器人中，腰部回转轴 S 称为腰关节，它可使得机器人中除基座外的所有后端部件，绕固定基座的垂直轴线，进行四象限 360°或接近 360°回转，以改变机器人的作业面方向。下臂摆动轴 L 称为肩关节，它可使机器人下臂及后端部件，进行垂直方向的偏摆，实现参考点的前后运动。上臂摆动轴 U 称为肘关节，它可使机器人上臂及后端部件，进行水平方向的偏摆，实现参考点的上下运动（俯仰）。

腕回转轴 R、腕弯曲轴 B、手回转轴 T 通称腕关节，它用来改变末端执行器的姿态。腕回转轴 R 用于机器人手腕及后端部件的四象限 360°或接近 360°回转运动；腕弯曲轴 B 用于手部及末端执行器的上下或前后、左右摆动运动；手回转轴 T 可实现末端执行器的四象限 360°或接近 360°回转运动。

6 轴垂直串联结构机器人通过以上定位机构和定向机构的串联，较好地实现了三维空间内的任意位置和姿态控制，它对于各种作业都有良好的适应性。因此，可用于加工、搬运、装配、包装等各种场合。

但是，6 轴垂直串联结构机器人也存在固有的缺点。首先，末端执行器在笛卡儿坐标系上的三维运动（X、Y、Z 轴），需要通过多个回转、摆动轴的运动合成，且运动轨迹不具备唯一性；此外，X、Y、Z 轴的坐标计算和运动控制比较复杂，X、Y、Z 轴位置也无法直接检测。因此，要实现高精度的位置控制非常困难。第二，由于结构所限，这种机器人存在运动干涉区域，限制了作业范围。第三，在图 2-3-1 所示的典型结构上，所有轴的运动驱动机构都安装在相应的关节部位，导致机器人上部的质量大、重心高，高速运动时的稳定性较差，承载能力也受到一定的限制等。

2. 简化结构

机器人末端执行器的姿态与作业对象和要求有关,在部分作业场合,有时可省略 1~2 个运动轴,简化为 4~5 轴垂直串联结构的机器人,或者是以直线轴代替回转摆动轴。图 2-3-2 所示为机器人的几种简化结构。

(a) 5轴结构

(b) 4轴结构

(c) 框架结构

图2-3-2　简化结构

例如,对于以水平面作业为主的大型机器人,可省略腕回转轴 R,直接采用图 2-3-2(a)所示的 5 轴结构;对于搬运、码垛作业的重载机器人,可采用图 2-3-2(b)所示的 4 轴结构,省略腰回转轴 S 和腕回转轴 R,直接通过手回转轴 T 来实现执行器的回转运动,以简化结构、增加刚性、方便控制等。

如机器人对位置精度的要求较高,则可通过图 2-3-2(c)所示的框架结构,用上下、左右运动的直线轴 Y、Z 来代替腰部回转轴 S 和下臂摆动轴 L,使得上下、左右运动的位置控制更简单、定位精度更高,操作编程更直观和方便。

3. 轴结构

6 轴垂直串联结构的机器人,由于结构限制,作业时存在运动干涉区域,使得部分区域的作业无法进行。为此,工业机器人生产厂家又研发了图 2-3-3 所示的 7 轴垂直串联结构机器人。

7轴垂直串联结构机器人在6轴机器人的基础上，增加了下臂回转轴 LR（Lower Ann Rotation），使得手臂部分的定位机构扩大到腰回转、下臂摆动、下臂回转、上臂摆动4个关节，手腕基准点（参考点）的定位更加灵活。

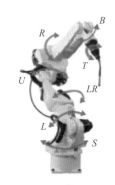

图2-3-3　7轴垂直串联结构机器人

4. 连杆驱动结构

在图 2-3-1 所示的 6 轴垂直串联结构机器人上，所有轴的运动驱动机构都依次安装在相应的关节部位，因此，不可避免地造成了机器人上部的质量大、重心高，从而影响其高速运动时的稳定性和负载能力。为此，在大型、重载的搬运、码垛机器人上，经常采用图 2-3-4 所示的平行四边形连杆机构，来驱动机器人的上臂摆动和腕弯曲。

图2-3-4　平行四边形连杆机构

采用平行四边形连杆机构驱动方式后，不仅可以通过连杆机构加长力臂，放大电机驱动力矩、提高负载能力，而且还可以将相应的驱动机构安装位置移至腰部，以降低机器人的重心，增加运动稳定性。

采用平行四边形连杆机构驱动的机器人，其结构刚性高、负载能力强，是大型、重载搬运机器人的常用结构形式。

二、水平串联型

1. 基本结构与特点

水平串联（Horizontal Articulated）结构机器人是日本山梨大学在 1978 年发明的一种机器人结构形式，又称 SCARA（Selective Compliance Assembly Robot Arm，平面关节型机器人）结构。这种机器人是为了 3C 行业的电子元器件安装等操作而研制的。适合于中小型零件的平面装配、焊接或搬运等作业。

用于 3C 行业的水平串联结构机器人的典型结构如图 2-3-5 所示，这种机器人的结构紧凑、质量小，因此，其本体一般采用平放或壁挂两种安装方式。

水平串联结构机器人一般有 3 个臂和 4 个控制轴。机器人的 3 个手臂依次沿水平方向串联延伸布置，各关节的轴线相互平行，每一臂都可绕垂直轴线回转。

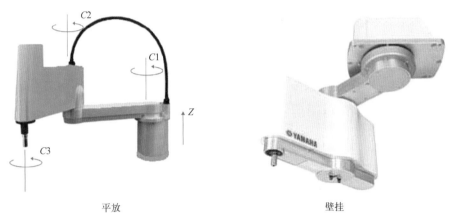

平放   壁挂

图2-3-5　水平串联结构机器人

垂直轴 Z 用于 3 个手臂的整体升降。为了减轻升降部件质量、提高快速性，也有部分机器人使用图 2-3-6 所示的手腕升降结构。

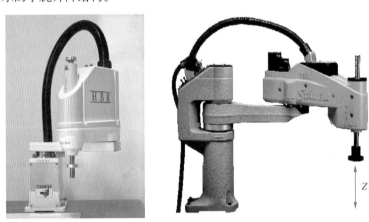

图2-3-6　手腕升降结构

采用手腕升降结构的机器人增加了 Z 轴升降行程，减轻了升降运动部件的质量，提高了手臂刚性和负载能力，故可用于机械产品的平面搬运和部件装配作业。

总体而言，水平串联结构的机器人具有结构简单、控制容易，垂直方向的定位精度高、运动速度快等优点。但其作业局限性较大，因此，多用于 3C 行业的电子元器件安装、小型机械部件装配等轻载、高速平面装配和搬运作业等领域。

2. 变形结构

水平串联结构机器人的变形结构主要有图 2-3-7 所示的两种。

图 2-3-7 (a) 所示的机器人增加了 Y 向直线运动轴,使 Y 向运动更直观、范围更大、控制更容易。图 2-3-7 (b) 所示的机器人同时具有手腕升降轴 W 和手臂升降轴 Z,其垂直方向的升降作业更灵活。

在部分机器人上,有时还采用图 2-3-8 所示的摆动臂升降结构,这种机器人实际上采用了垂直串联结构机器人和水平串联结构机器人的组合,如果再增加腕弯曲轴,也可以视为是垂直串联结构机器人的挂壁形式。

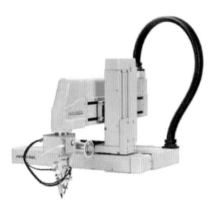 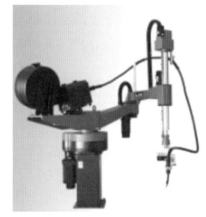

(a) 增加 Y 轴向直线运动   (b) 增加 W 轴

图2-3-7 基本结构变形

图2-3-8 摆动臂升降机器人

三、并联结构

1. 基本结构

并联 (Parallel Articulated) 结构机器人是用于电子电工、食品药品等行业装配、包装、搬运的高速、轻载机器人。并联结构的是工业机器人的一种新颖结构,它由瑞士 Demaurex 公司在 1992 年率先应用于包装机器人上。

并联结构机器人的外形和运动原理如图 2-3-9 所示。这种机器人一般采用悬挂式布置，其基座上置，手腕通过空间均布的 3 根并联连杆支撑。

并联结构机器人可通过控制连杆的摆动角，实现手腕在一定圆柱空间内的定位；在此基础上，可通过图 2-3-9 所示手腕上的 1~3 轴回转和摆动，增加自由度。

2. 结构特点

并联结构和前述的串联结构有本质的区别，它是工业机器人结构发展史上的一次重大变革。

图2-3-9　并联结构机器人

在传统的串联结构机器人上，从基座至末端执行器，需要经过腰部、下臂、上臂、手腕、手部等多级运动部件的串联。因此，当腰部回转时，安装在腰部上的下臂、上臂、手腕、手部等都必须进行相应的空间移动；当下臂运动时，安装在下臂上的上臂、手腕、手部等也必须进行相应的空间移动等，即后置部件必然随同前置轴一起运动，这无疑增加了前置轴运动部件的质量。

另一方面，在机器人作业时，执行器上所受的反力也将从手部、手腕依次传递到上臂、下臂、腰部、基座上，即末端执行器的受力也将串联传递至前端。因此，前端构件在设计时不但要考虑负担后端构件的重力，而且还要承受作用反力。为了保证刚性和精度，每个部分的构件都得有足够的体积和质量。

由此可见，串联结构的机器人，必然存在移动部件质量大、系统刚度低等固有缺陷。

并联结构的机器人手腕和基座采用的是 3 根并联连杆连接，手部受力可由 3 根连杆均匀分摊，每根连杆只承受拉力或压力，不承受弯矩或转矩。因此，这种结构理论上具有刚度高、质量小、简单、制造方便等特点。

但是，并联结构的机器人所需要的安装空间较大，机器人在笛卡儿坐标系上的定位控制与位置检测等方面均有相当大的技术难度。因此，其定位精度通常较低。

并联结构同样在数控机床上得到应用，实用型产品已在 1994 年的美国芝加哥世界制造技术博览会（IMTS94）上展出，目前已有多家机床生产厂家推出了实用化的产品。但是，由于数控机床对位置精度的要求较高，因此，一般需要采用"直线轴 + 并联轴"的混合式结构，其 X、Y、Z 轴的定位通过直线轴实现；并联连杆只用来控制主轴头倾斜与偏摆，并需要通过伺服电机直接控制伸缩，以提高结构的刚性和位置精度，其结构与机器人有所不同。

📖 学习拓展

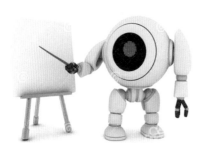

大家一起好好干！与时俱进，了解更多的机器人类型及应用。

一、按应用领域划分的机器人

工业机器人按作业任务的不同可以分为焊接、搬运、装配、喷涂、码垛等类型。

1. 焊接机器人

焊接机器人是从事焊接作业的工业机器人，如图 2-3-10 所示。焊接机器人常用于汽车制造领域，是应用最为广泛的工业机器人之一。目前，焊接机器人的使用量约占全部工业机器人总量的 30%。

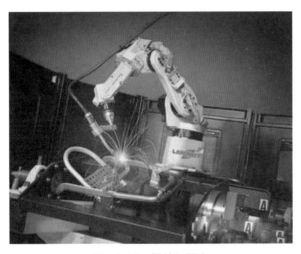

图2-3-10　焊接机器人

焊接机器人又可以分为点焊机器人和弧焊机器人。从 20 世纪 60 年代开始，焊接机器人焊接技术日益成熟，在长期使用过程中，主要体现出以下优点：

① 可以稳定提高焊件的焊接质量。

② 提高了企业的劳动生产率。

③ 改善了工人的劳动强度，可替代人类在恶劣环境下工作。

④ 降低了工人操作技术的要求。

⑤ 缩短了产品改型换代的准备周期，减少了相应的设备投资。

2. 搬运机器人

搬运机器人是可以进行自动搬运作业的工业机器人，如图 2-3-11 所示。最早的搬运机器人是 1960 年美国设计的 Versatran 和 Unimate。搬运时，机器人末端夹具设备握持工件，将工件从一个加工位置移动到另一个加工位置。目前世界上使用的搬运机器人超过 10 万台，广泛应用于机床上下料、压力机自动化生产线、自动装配流水线、码垛搬运、集装箱搬运等场合。

搬运机器人又分为可以移动的搬运小车（AGV），用于码垛的码垛机器人，用于分解的分解机器人，用于机床上下料的上下料机器人等。其主要作用就是实现产品、物料或工具的搬运，主要优点如下：

① 提高生产率，一天可以 24 h 无间断地工作。

② 改善工人劳动条件，可在有害环境下工作。

③ 降低工人劳动强度，减少人工成本。

④ 缩短了产品改型换代的准备周期，减少了相应的设备投资。

⑤ 可实现工厂自动化、无人化生产。

图2-3-11　搬运机器人

3. 装配机器人

装配机器人是专门为装配而设计的机器人。常用的装配机器人主要可以完成生产线上一些零件的装配或拆卸工作。从结构上来分，主要有 PUMA 机器人（可编程通用装配操作手）和 SCARA 机器人（水平多关节机器人）两种类型。

PUMA 机器人是美国 Unimation 公司于 1977 年研制的由计算机控制的多关节装配机器人。它一般有 5~6 个自由度，可以实现腰、肩、肘的回转以及手腕的弯曲、旋转和扭转等功能，如图 2-3-12 所示。

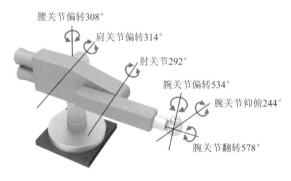

图2-3-12　PUMA562机器人（AR模型）

SCARA 机器人是一种特殊的柱面坐标工业机器人，它有 3 个旋转关节，其轴线相互平行，在平面内进行定位和定向。另一个关节是移动关节，用于完成末端件在垂直方向上的运动。这类机器人的结构轻便、响应快，例如 Adeptl 型 SCARA 运动速度可达 10 m/s，比一般关节机器人快数倍。它最适用于平面定位、垂直方向进行装配的作业。图 2-3-13 所示为某品牌的 SCARA 机器人。

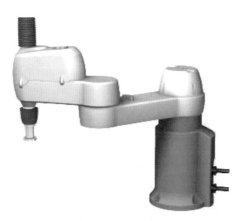

图2-3-13　某品牌的SCARA机器人

与一般工业机器人相比,装配机器人具有精度高、柔顺性好、工作空间小、能与其他系统配套使用等特点。在工业生产中,使用装配机器人可以保证产品质量,降低成本,提高生产自动化水平。目前,装配机器人主要用于各种电器(包括家用电器,如电视机、录音机、洗衣机、电冰箱、吸尘器)的制造,小型电动机、汽车及其零部件、计算机、玩具、机电产品及其组件的装配等。图 2-3-14所示为装配机器人装配作业。

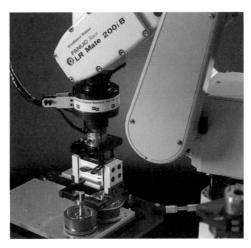

图2-3-14　装配机器人装配作业

4. 喷涂机器人

喷涂机器人是可进行自动喷漆或喷涂其他涂料的工业机器人,1969 年由挪威 Trallfa 公司发明。喷涂机器人主要由机器人本体、计算机和相应的控制系统组成。液压驱动的喷涂机器人还包括液压动力装置,如油泵、油箱和电动机等。喷涂机器人多采用 5 自由度或 6 自由度关节式结构,手臂有较大的工作空间,并可做复杂的轨迹运动,其腕部一般有 2~3 个自由度,可灵活运动。较先进的喷涂机器人腕部采用柔性手腕,既可向各个方向弯曲,又可转动,其动作似人的手腕,能方便地通过较小的孔伸入工件内部,喷涂其内表面。

喷涂机器人一般采用液压驱动,具有动作速度快、防爆性能好等特点,可通过手动示教或点位示教来实现示教编程。喷涂机器人广泛用于汽车、仪表、电器、搪瓷等工艺生产部门。图 2-3-15

所示为喷涂机器人在汽车表面喷涂作业。

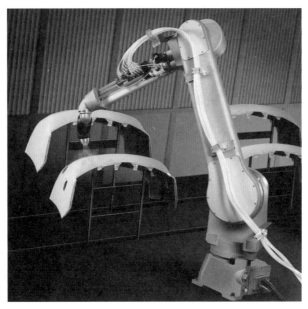

图2-3-15 喷涂机器人在汽车表面喷涂作业

喷涂机器人的主要优点如下：

① 柔性大，工作空间大。

② 可提高喷涂质量和材料的利用率。

③ 易于操作和维护。可离线编程，大大地缩短了现场调试时间。

④ 设备利用率高。喷涂机器人的利用率可达 90%~95%。

课后习题

1. _____是工业机器人最常用的结构形式。

2. 简述垂直串联型结构工业机器人特点。

3. 简述水平串联结构机器人特点。

4. 简述并联型结构机器人特点。

项目三
工业机器人运动学认知

坐标系

6轴工业机器人

姿态变换

运动方式

坐标系的定义和分类

　　通过项目二的学习，了解了工业机器人的组成及分类，然而不同类型的工业机器人其组成部分结构是不一样的。从本项目开始，将要认识工业机器人的坐标系、姿态变换、运动方式及6轴工业机器人。

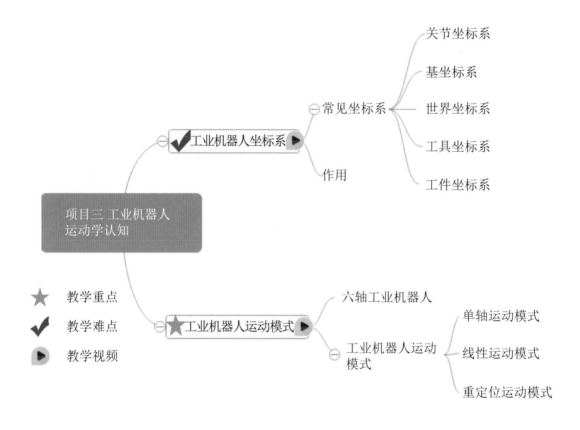

关节坐标系

基坐标系

常见坐标系 ◄— 世界坐标系

✔工业机器人坐标系 ▶ 工具坐标系

工件坐标系

作用

项目三 工业机器人
运动学认知

六轴工业机器人

单轴运动模式

★工业机器人运动模式 ▶ 线性运动模式

工业机器人运动
模式 重定位运动模式

★ 教学重点

✔ 教学难点

▶ 教学视频

任务目标

- 通过学习坐标系，分析坐标系作用，知道方向的重要，坚定理想信念。
- 分析工业机器人常见坐标系，能判别和分析其特点，总结各类坐标系作用，养成观察事物特征，归纳总结的习惯。

知识准备

什么是关节坐标系？什么是基坐标系？什么是世界坐标系？什么是工具坐标系？什么是工件坐标系？

　　在分析机器人时会牵涉诸多坐标系，一些是操作者不需关心的，另外一些却是和工艺相关的。常见的坐标系有：关节坐标系、基坐标系、世界坐标系、工具坐标系、工件坐标系、用户坐标系，如图3-1-1所示。其中，基坐标系、世界坐标系、工具坐标系、工件坐标系、用户坐标系都是可以用直角坐标系表示。

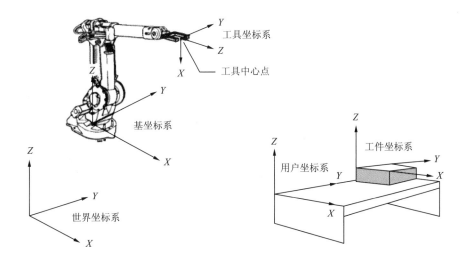

图3-1-1　常见坐标系

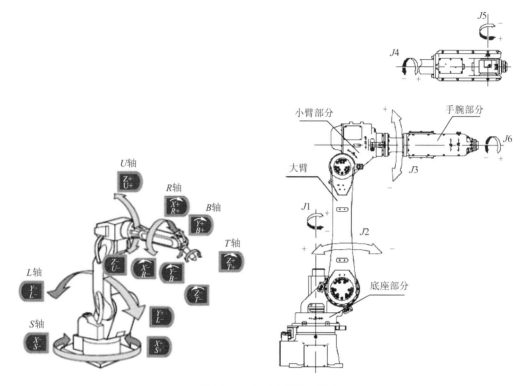

图3-1-1　常见坐标系（续）

一、关节坐标系

机器人各轴进行单独动作，称关节坐标系。关节坐标系主要描述各关节相对于标定零点的绝对位置，旋转轴常用°表示，线性轴常用 mm 描述。关节坐标系下的坐标值均为机器人关节的绝对位置，方便用户调试点位时观察机器人的绝对位置，避免机器人出现极限位置或奇异位置。各关节轴的动作如图 3-1-2 所示。

轴类型	轴名称				动作说明	动作图示
	ABB	FANUC	YASKAWA	KUKA		
主轴 （基本轴）	轴1	$J1$	S轴	$A1$	本体 左右回转	
	轴2	$J2$	L轴	$A2$	大臂 上下运动	
	轴3	$J3$	U轴	$A3$	小臂 前后运动	
次轴 （腕部轴）	轴4	$J4$	R轴	$A4$	手腕 回旋运动	
	轴5	$J5$	B轴	$A5$	手腕 上下摆运动	
	轴6	$J6$	T轴	$A6$	手腕 四周运动	

图3-1-2　各关节轴的动作

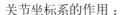

关节坐标系的作用：

① 单轴点动：单轴示教机器人，常用于调试时验证关节的旋转方向、软限位。

② 解除机器人奇异位置，当机器人出现奇异报警时，只能在关节坐标系下通过单轴点动解除奇异报警。

③ 轴正负极限报警：只能在关节坐标系下通过单轴点动解除正负超限报警。

二、基坐标系、世界坐标系

基坐标系位于机器人基座。它是最便于机器人从一个位置移动到另一个位置的坐标系。世界坐标系是被固定在空间上的标准直角坐标系，其被固定在由机器人事先确定的位置。用户坐标系是基于该坐标系而设定的，它用于位置数据的示教和执行。默认情况下基坐标系和世界坐标系是一致的。

工业机器人的坐标形式有直角坐标型、圆柱坐标型、球坐标型、关节坐标型和平面关节型。

1. 直角坐标型 / 笛卡儿坐标 / 台架型（3P）

直角坐标系，包括很多种，但常常狭隘的将基座坐标系称为直角坐标系。

直角坐标系的 Z 轴即第一轴的 Z 轴，X 轴为回零后的正前方，Y 轴由右手定则确定。直角坐标系下，用户可控制机器人末端沿坐标系任一方向移动或旋转，常用于现场点位示教。

X、Y、Z 轴上的运动是独立的，运动方程可独立处理，且方程是线性的，因此，很容易通过计算机实现；它可以两端支撑，对于给定的结构长度，刚性最大；它的精度和位置分辨率不随工作场合而变化，容易达到高精度。

但是，它的操作范围小，手臂收缩的同时又向相反的方向伸出，故会妨碍工作，且占地面积大，运动速度低，密封性不好。

直角坐标系动作情况如图 3-1-3 所示。

轴类型	轴名称	动作说明	动作图示	轴类型	轴名称	动作说明	动作图示
主轴（基本轴）	X轴	沿X轴平行移动	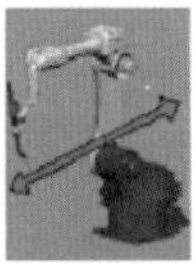	次轴（腕部轴）	U轴	绕Z轴旋转	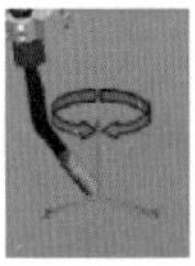
	Y轴	沿Y轴平行移动	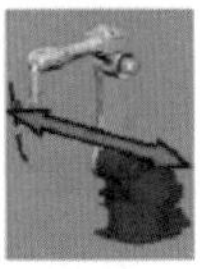		V轴	绕Y轴旋转	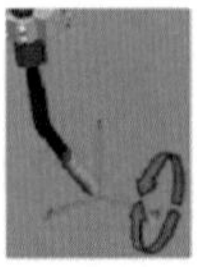
	Z轴	沿Z轴平行移动	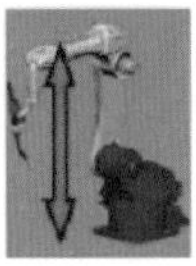		W轴	绕末端工具所指方向旋转	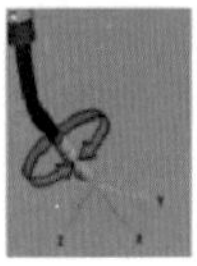

图3-1-3 直角坐标系动作

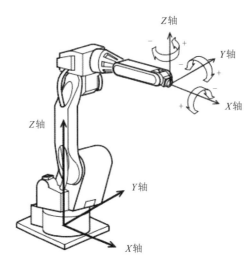

图3-1-3　直角坐标系动作（续）

右手定则：机器人中的旋转轴使用 X、Y 和 Z 轴。正面是 X 轴的正方向，轴是红色（Red）。左边是 Y 轴的正方向，轴用绿色（Green）表示。最后，上方是 Z 轴的正方向，轴用蓝色（Blue）表示。为了便于记忆，可以将 X 轴视为食指，将 Y 轴视为中指，将 Z 轴视为拇指。顺序是 X、Y、Z，且颜色是 RGB 颜色顺序。机器人的旋转方向是右手定则，用右手卷住的方向是正（+）方向。根据右手定则很容易判断机器人的方向，如图 3-1-4 所示。

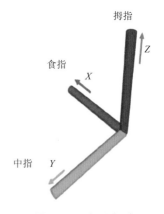

图3-1-4　右手定则

2. 圆柱坐标型（R3P）

圆柱坐标系机器人由两个滑动关节和一个旋转关节来确定部件的位置，再附加一个旋转关节来确定部件的姿态。这种机器人可以绕中心轴旋转一个角，工作范围可以扩大，且计算简单；直线部分可采用液压驱动，可输出较大的动力；能够伸入型腔式机器内部。

但是，它的手臂可以到达的空间受到限制，不能到达近立柱或近地面的空间；直线驱动器部分难以密封、防尘；后臂工作时，手臂后端会碰到工作范围内的其他物体。

3. 球坐标型（2RP）

球坐标系机器人采用球坐标系，它用一个滑动关节和两个旋转关节来确定部件的位置，再用一个附加的旋转关节确定部件的姿态。这种机器人可以绕中心轴旋转，中心支架附近的工作范围大，两个转动驱动装置容易密封，覆盖工作空间较大。但该坐标复杂，难于控制，且直线驱动装置仍存在密封及工作死区的问题。

4. 关节坐标型 / 拟人型（3R）

关节坐标系机器人的关节全都是旋转的，类似于人的手臂，是工业机器人中最常见的结构。在现实比较复杂的机器人操作当中，往往会让机器人在不同坐标系中切换综合完成任务。

5. 平面关节型

该种机器人可看作是关节坐标机器人的特例，它只有平行的肩关节和肘关节，关节轴线共面。

三、工具坐标系

安装在机器人末端的工具坐标系，原点及方向都是随着末端位置与角度不断变化的，该坐标系实际是将基础坐标系通过旋转及位移变化而来的。工具坐标系必须事先进行设定，客户可以根据工具的外形、尺寸等建立与工具相对应的工具坐标系，用来定义工具中心点（TCP）的位置和工具姿态的坐标系。在没有定义的时候，将由默认工具坐标系来替代该坐标系。机器人工具座标系是由工具中心点 TCP 与坐标方位组成。机器人联动运行时，TCP 是必需的。在未加工具参数时，工具坐标系在机器人末端的法兰盘上，但方向与基坐标系不同。安装工具后，需加入工具参数，可以看作在机器人末端连杆的延长，此时工具坐标系为表示新的工况需向末端延长，形成新的坐标系，TCP 点如图 3-1-5 所示。

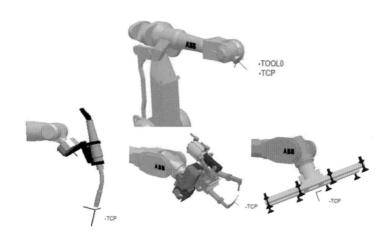

图3-1-5 TCP点

1. TCP 标定（N 点法）

工具坐标标定的方法往往是 4 点法标定（不同品牌机器人的标定法可能有异），在机器人附近找一点，使工具中心点对准该点，保持工具中心点不变，变换夹具的姿态，共记录四次，即可自动生成工具坐标系的参数。机器人 TCP 通过 N （$N \geqslant 4$）种不同姿态与某定点相碰，得出多组解，通过计算得出当前 TCP 与机器人手腕中心点（tool0）相应位置，坐标系方向与 tool0 一致。TCP 标定方法如图 3-1-6 所示。

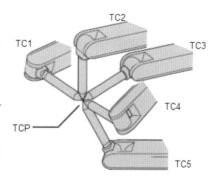

图3-1-6 TCP标定方法

2. TCP & Z 法

在 N 点法基础上，Z 点与定点连线为坐标系 Z 方向。注意在标定时 Z 轴的运动方向。

3. TCP & X, Z法

在 N 点法基础上，X 点与定点连线为坐标系 X 方向，Z 点与定点连线为坐标系 Z 方向。注意在标定时 X 轴、Z 轴的运动方向。

工具坐标系下各轴的运动情况如图 3-1-7 所示。

轴类型	轴名称	动作说明	动作图示	轴类型	轴名称	动作说明	动作图示
主轴 （基本轴）	X 轴	沿 X 轴平行移动	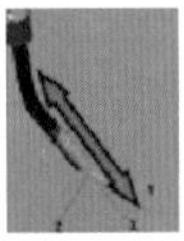	次轴 （腕部轴）	Rx 轴	绕 X 轴旋转	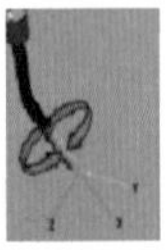
	Y 轴	沿 Y 轴平行移动	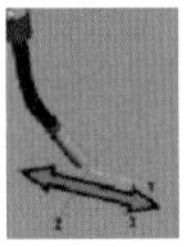		Ry 轴	绕 Y 轴旋转	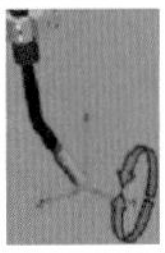
	Z 轴	沿 Z 轴平行移动	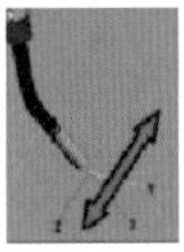		Rz 轴	绕 Z 轴旋转	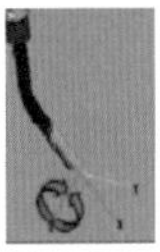

图3-1-7　工具坐标系下各轴的运动情况

四、工件坐标系

机器人工件坐标系是由工件原点与坐标方位组成。机器人程序支持多个工件坐标系（Wobj），可以根据当前工作状态进行变换。外部夹具被更换，重新定义 Wobj 后，可以不更改程序，直接运行。通过重新定义 Wobj，可以简便地完成一个程序适合多台机器人。在机器人动作允许范围内的任意位置，设定任意角度的 X、Y、Z 轴，原点位于机器人抓取的工件上，坐标系的方向根据客户需要任意定义，工件坐标也是可以设置多个。

工件坐标系标定：

用户坐标标定方法相对比较简单。一般通过示教 3 个示教点实现，第一个示教点是用户坐标系的原点；第二个示教点在 X 轴上，第一个示教点到第二个示教点的连线是 X 轴，所至方向为 X 正方向；第三个示教点在 Y 轴的正方向区域内，如图 3-1-8 所示。

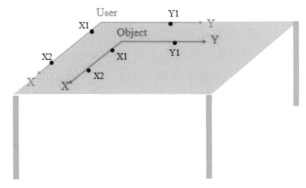

图3-1-8　工件坐标系标定

课后习题

1. 工业机器人的坐标系有哪些？

2. 关节坐标系的作用有哪些？

3. 右手定则中拇指、食指、中指分别代表哪些坐标轴？

4. 在未加工具参数时，工具坐标系在机器人末端的_____上，但方向与基坐标系不同。

5. 工具坐标标定的方法往往是4点法标定（不同品牌机器人的标定法可能有异），在机器人附近找一点，使工具_____对准该点，保持工具_____不变，变换夹具的_____，共记录四次，即可自动生成工具坐标系的参数。

学习任务二　工业机器人运动模式

任务目标

- 通过6轴工业机器人，分析每个轴的作用，并判断每个轴对机器人整体运动的影响，养成局部和整体对立统一观察分析问题的习惯。
- 归纳工业机器人的运动模式，比较和分析各类运动模式特点，养成比较归纳分析问题的习惯。
- 分析和对比各运动模式与6轴运动特点，运动模式与6轴之间的相互影响与联系，养成对立统一看问题和联系看问题习惯。

知识准备

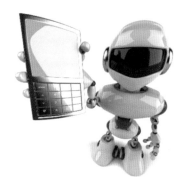

什么是6轴工业机器人？工业机器人的运动模式是什么？

工业机器人运动模式有单轴运动模式、线性运动模式、重定位运动模式。

一、认识6轴工业机器人

6轴工业机器人的机械结构为6个伺服电机直接通过减速器、同步带轮等驱动6个关节轴的旋转。6轴工业机器人一般有6个自由度，常见的6轴工业机器人包含旋转(S轴)，下臂(L轴)、上臂(U轴)、手腕旋转(R轴)、手腕摆动(B轴)和手腕回转(T轴)。6个关节合成实现末端的6自由度动作，各类6轴工业机器人如图3-2-1所示。

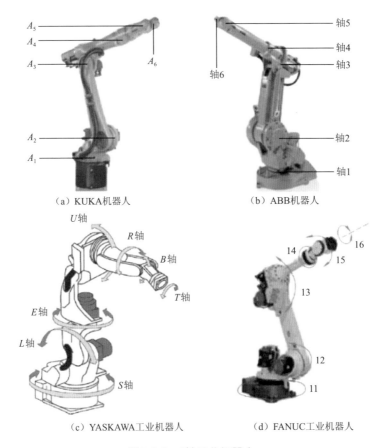

（a）KUKA机器人　　　　　　　　　　（b）ABB机器人

（c）YASKAWA工业机器人　　　　　　（d）FANUC工业机器人

图3-2-1　6轴工业机器人

二、工业机器人运动模式

1. 单轴运动模式

单轴运动即为单独控制某一个关节轴运动。机器人末端轨迹难以预测，一般只用于移动某个关节轴至指定位置、校准机器人关节原点等场合。单轴运动模式如图 3-2-2 所示。

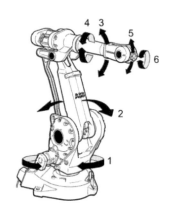

图3-2-2　单轴运动模式

2. 线性运动模式

线性运动即控制机器人 TCP 沿着指定的参考坐标系的坐标轴方向进行移动，在运动过程中工具的姿态不变，常用于空间范围内移动机器人 TCP 位置。线性运动模式如图 3-2-3 所示。

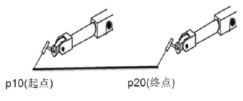

p10(起点)　　　　p20(终点)

图3-2-3　线性运动模式

3. 重定位运动模式

一些特定情况下我们需要重新定位工具方向，使其与工件保持特定的角度，以便获得最佳效果，例如焊接、切割、铣削等应用。当将工具中心点微调至特定位置后，在大多数情况下需要重新定位工具方向，定位完成后，将继续以线性动作进行微动控制，以完成路径和所需操作。重定位运动模式如图 3-2-4 所示。

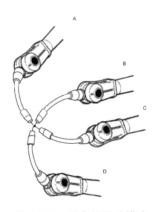

图3-2-4　重定位运动模式

三、工业机器人运动

机器人运动学的研究对象是机器人各关节位置和机器人末端位姿之间的关系。

机器人运动学包含两个基本问题，如图3-2-5所示。

① 已知机器人末端的位姿，求机器人各关节的位置。

② 已知机器人各关节的位置，求机器人末端的位姿。

图3-2-5　工业机器人运动

图3-2-5　工业机器人运动（续）

课后习题

1. 工业机器人的运动模式有哪些？

2. 单轴运动即为单独控制某一个_____运动。

3. 线性运动即控制机器人_____沿着指定的参考坐标系的坐标轴方向进行移动，在运动过程中工具的_____不变，常用于空间范围内移动机器人_____位置。

4. 当将工具中心点微调至特定位置后，在大多数情况下需要_____工具方向，定位完成后，将继续以_____进行微动控制，以完成路径和所需操作。

项目四

工业机器人控制与
驱动系统认知

工业机器人的
控制方式

　　通过项目三的学习，我们了解了工业机器人的坐标系、姿态变换、6轴工业机器人、运动方式等。工业机器人的完成任务，都是属于已知的领域，先给予运动指令，然后由传感器反馈信息，再由工业机器人的控制系统去分析判断，控制系统就相当于人的大脑，工业机器人的驱动系统是直接驱动各运动部件动作的机构。本项目主要学习工业机器人的控制系统和驱动系统是如何工作的。

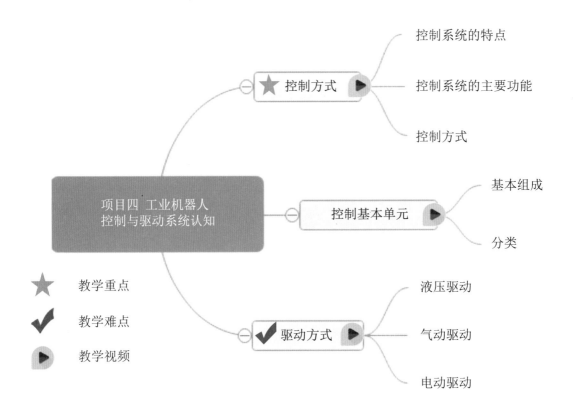

控制系统的特点

★ 控制方式 ▶ 控制系统的主要功能

控制方式

基本组成
控制基本单元 ▶
分类

项目四 工业机器人
控制与驱动系统认知

液压驱动

✔ 驱动方式 ▶ 气动驱动

电动驱动

★ 教学重点

✔ 教学难点

▶ 教学视频

任务目标

- 通过分析工业机器人控制系统方式，了解工业机器人控制系统的特点和主要功能，养成抓住主要分析问题的能力。
- 判断工业机器人控制系统的特点，养成归纳和总结习惯。
- 总结归纳工业机器人控制系统的主要功能，养成抓住主要矛盾和矛盾的主要方面分析问题的习惯。
- 归纳总结工业机器人的控制方式，养成相互联系看问题的习惯。

知识准备

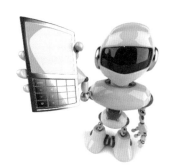

工业机器人的控制方式
有哪些特点？

一、工业机器人控制系统的特点

1. 机器人的控制与结构运动学及动力学密切相关

机器人手足的状态可以在各种坐标系下进行描述，应当根据需要选择不同的参考坐标系，并做出适应的坐标变换，不同的参考坐标系示意如图 4-1-1 所示。

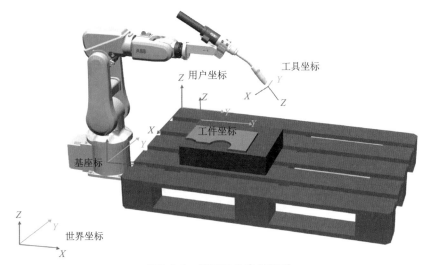

图4-1-1　不同的参考坐标系

2. 机器人控制系统是多变量自动控制系统

一个机器人一般有 3~7 个自由度，比较复杂的机器人有十几个自由度，甚至几十个自由度。每一个自由度都有一个伺服机构，它们必须协调起来，组成一个多变量控制系统，如图 4-1-2 所示。

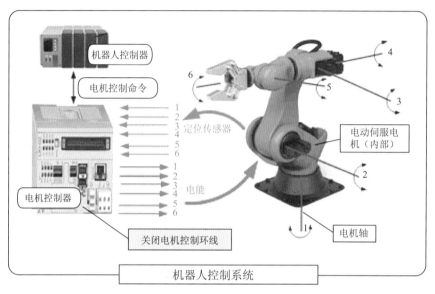

图4-1-2　多变量控制系统

3. 多个独立的伺服系统有机协调

能把多个独立的伺服系统（见图 4-1-3）有机协调起来，使其按照人的意志行动，甚至赋予机器人一定的"智能"，这个任务只能由计算机来完成。因此，机器人控制系统必须是一个计算机控制系统。

图4-1-3　多个独立的伺服系统

4. 机器人控制系统是非线性的控制系统

描述机器人状态和运动的数学模型随着状态和外力的变化，其参数也在变化。各变量之间还存在耦合关系，经常使用重力补偿、前馈、解耦或自适应控制等方法进行校准和修正，机器人控制系统如图 4-1-4 所示。

图4-1-4　机器人控制系统

5. 机器人的动作通过不同的方式和路径来完成

机器人的动作往往可以通过不同的方式和路径来完成，因此存在一个"最优"的问题。较高级的机器人可以用人工智能的方法，用计算机建立起庞大的信息库，借助信息库进行控制、决策、管理和操作。根据传感器和模式识别的方法获得对象及环境的工作状况，按照给定的指标要求，自动地选择最佳的控制规律，如图 4-1-5 所示。

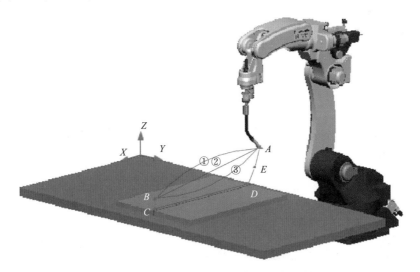

图4-1-5　不同路径和方式的机器人动作

总而言之，机器人控制系统是一个与运动学和动力学原理密切相关的、有耦合的、非线性的多变量控制系统。随着机器人技术的发展，机器人控制理论必将日臻成熟。

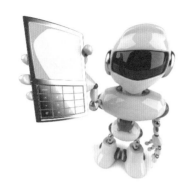

工业机器人控制方式有
些呢？

二、工业机器人控制系统的主要功能

工业机器人控制系统的主要任务是，控制工业机器人在工作空间中的运动位置、姿态、轨迹、操作顺序及动作的时间等项目，其中有些项目的控制是非常复杂的。工业机器人的主要功能有示教再现功能和运动控制功能两种。

1. 示教在线控制功能

示教再现控制是指控制系统可以通过示教盒或手把手进行示教，将动作顺序、运动速度、位置等信息用一定的方法预先教给工业机器人，由工业机器人的记忆装置将所教的操作过程自动地记录在储存器。当需要再现操作时，重放储存器中储存的内容的一种控制功能。如需要更改操作内容，只要重新示教一遍即可。

大多数工业机器人都具有采用示教方式来编程的功能。示教编程一般可分为手把手示教编程和示教盒示教编程两种方式。

（1）手把手示教编程

手把手示教编程方式主要用于喷漆、弧焊等要求实现连续轨迹控制的工业机器人示教编程中。具体的方法是，人工利用示教手柄引导末端执行器经过所要求的位置，同时由传感器检测出工业机器人各关节处的坐标值，并由控制系统记录、存储下这些数据信息。实际工作当中，工业机器人的控制系统将重复再现示教过的轨迹和操作技能，如图4-1-6所示。

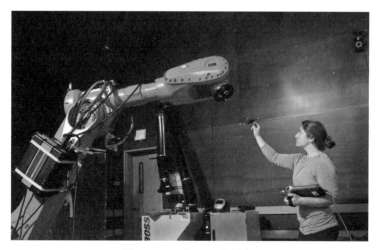

图4-1-6　手把手示教编程

手把手示教编程也能实现点位控制，与连续轨迹控制不同的是，它只记录各轨迹程序移动的两端点位置，轨迹的运动速度则按各轨迹程序段对应的功能数据进行输入。

（2）示教盒示教编程

示教盒示教编程方式是人工利用示教盒上所具有的各种功能的按钮来驱动工业机器人的各关节轴，按作业所需要的顺序单轴运动或多关节协调运动，从而完成位置和功能的示教编程。

示教盒通常是一个带有微处理器的、可随意移动的小键盘，内部 ROM 中固化有键盘扫描和分析程序。其功能键一般具有回零方式、示教方式、自动方式和参数方式等。

示教编程控制由于其具有编程方便、装置简单等优点，在应用工业机器人的初期得到较多的应用。同时，其编程精度不高、程序修改困难、要求示教人员熟练程度高等缺点的限制，促使人们又开发了许多新的控制方式和装置，以使工业机器人能更好、更快地完成作业任务，如图 4-1-7 所示。

图4-1-7　示教盒示教编程

2. 工业机器人的运动控制功能

工业机器人的运动控制是指工业机器人的末端执行器从一点移动到另一点的过程中，对其位置、速度和加速度的控制。由于工业机器人末端操作器的位置和姿态是由各关节的运动引起的，因此，其运动控制实际上是通过控制关节运动实现的。

工业机器人关节运动控制一般可分为两步。

第一步：关节运动伺服指令的生成，即指将末端执行器在工作空间的位置和姿态的运动，转化为由关节变量表示的时间序列，或表示为关节变量随时间变化而变化的函数。这一步一般可离线完成。

第二步：关节运动的伺服控制，即跟踪执行第一步所生成的关节变量伺服指令。这一步需在线完成。

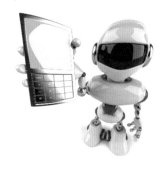

工业机器人控制方式有哪些呢？

三、工业机器人的控制方式

工业机器人的控制方式根据作业任务不同，主要分为点位控制方式（PTP）、连续轨迹控制方式（CP）、力（力矩）控制方式和智能控制方式等。

1. 点位控制方式

这种控制方式的特点是，只控制工业机器人末端执行器在作业空间中某些规定的离散点上的位姿。控制时只要求工业机器人快速、准确地实现相邻各点之间的运动，而对达到目标点的运动轨迹则不做任何规定。这种控制方式的主要技术指标是定位精度和运动所需的时间，如图 4-1-8（a）所示。由于其具有控制方式易于实现、定位精度要求不高的特点，因而常被应用在上下料、搬运、点焊和在电路板上安插元件等只要求目标点处保持末端执行器位姿准确的作业中。一般来说，这种方式比较简单。但是，要达到 $2 \sim 3\mu m$ 的定位精度是相当困难的。

2. 连续轨迹控制方式

这种控制方式的特点是，连续地控制工业机器人末端执行器在作业空间中的位姿，要求其严格按照预定的轨迹和速度在一定的精度范围内运动，而且速度可控，轨迹光滑，运动平稳，以完成作业任务。工业机器人各关节连续、同步地进行相应的运动，其末端执行器即可形成连续的轨迹。这种控制方式的主要技术指标是工业机器人末端执行器位姿的轨迹跟踪精度及平稳性，如图 4-1-8（b）所示。这种控制方式通常应用在弧焊、喷涂、去毛边和检测作业机器人中。

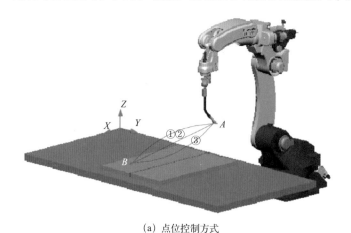

（a）点位控制方式

图4-1-8　点位控制与连续轨迹控制

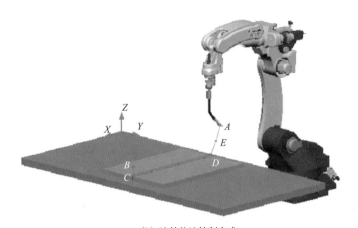

(b) 连续轨迹控制方式

图4-1-8 点位控制与连续轨迹控制（续）

3. 力（力矩）控制方式

在完成装配、抓放物体等工作时，除要准确定位之外，还要求使用适度的力或力矩进行工作，这时就要利用力（力矩）伺服方式。这种方式的控制原理与位置伺服控制原理基本相同，只不过输入量和反馈量不是位置信号，而是力（力矩）传感器。有时也利用接近、滑动等传感器功能进行自适应式控制，如图 4-1-9 所示。

图4-1-9 工业机器人的力矩控制方式

4. 智能控制方式

机器人的智能控制是通过传感器获取周围环境的知识，并根据自身内部的知识库做出相应的决策。采用智能控制技术，机器人就能具有较强的环境适应性及自学能力。智能控制技术的发展有赖于近年来人工神经网络、基因算法、遗传算法、专家系统等人工智能技术的迅速发展，如图 4-1-10 所示。

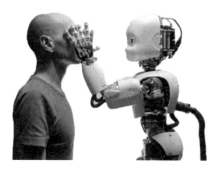

图4-1-10 机器人的智能控制

课后习题

1. 简述工业机器人控制系统的特点。

2. 工业机器人的主要功能有_____功能和_____功能两种。

3. 工业机器人的运动控制是指工业机器人的末端执行器从一点移动到另一点的过程中，对其_____、_____和_____的控制。

4. 工业机器人的控制方式根据作业任务不同，主要分为_____方式、_____控制方式、_____方式和_____方式等。

学习任务二 工业机器人的控制基本单元

任务目标

- 通过分析工业机器人控制系统的组成、分类，了解工业机器人控制系统的结构分类，养成联系和发展看问题的习惯。
- 学习工业机器人控制系统的组成，养成整体和局部思维，对立统一分析问题的习惯。
- 总结归纳工业机器人控制系统的分类，养成抓住主要矛盾和矛盾的主要方面分析问题的习惯。
- 分析和判断工业机器人控制系统结构类型，养成抓住事物本质特征看问题的习惯。

知识准备

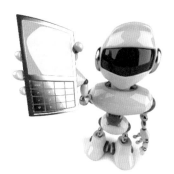

工业机器人控制系统由哪些基本组件组成？

一、工业机器人控制系统的基本组成

1. 控制计算机

它是控制系统的调度指挥机构，如图 4-2-1 所示。

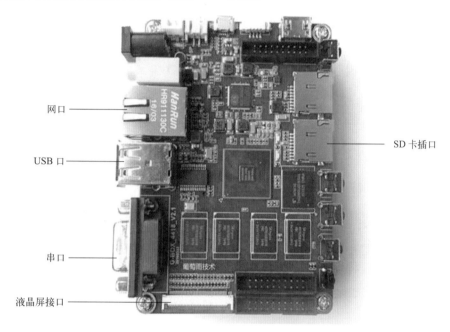

图4-2-1　控制计算机

2. 示教器

示教器是用来示教机器人的工作轨迹和参数设置，以及一些人机交互操作。它拥有自己独立的CPU以及储存单元，与控制计算机之间以串行通信方式或并行通信方式实现信息交互，如图4-2-2所示。

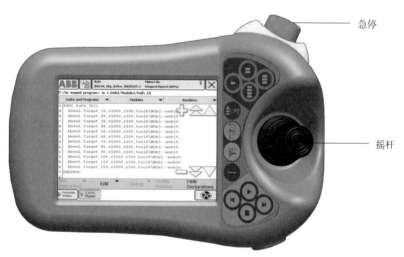

图4-2-2　示教器

3. 操作面板

操作面板由各种操作按键、状态指示灯构成，只完成基本功能操作，如图 4-2-3 所示。

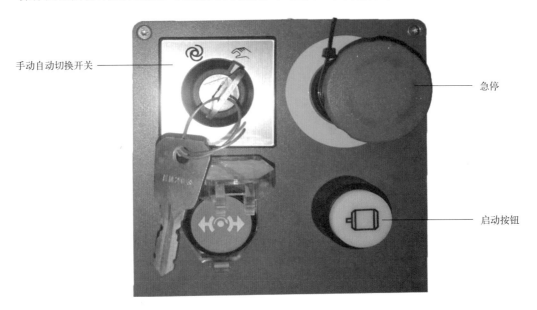

手动自动切换开关

急停

启动按钮

图4-2-3　操作面板

4. 存储器

存储器是用于存储机器人工作程序的外部存储器，如图 4-2-4 所示。

存储器芯片

图4-2-4　存储器芯片

5. 数字和模拟量输入 / 输出

数字和模拟量输入 / 输出用于将各种状态和控制命令进行输入或输出，如图 4-2-5 所示。

6. 打印机接口

打印机接口用于记录需要输出的各种信息，如图 4-2-6 所示。

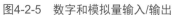

图4-2-5　数字和模拟量输入/输出

图4-2-6　打印机接口

7. 传感器接口

传感器接口用于信息的自动检测，实现机器人柔顺控制，一般为力觉、触觉和视觉传感器，如图 4-2-7 所示。

图4-2-7　传感器接口

8. 轴控制器

轴控制器包括各关节的伺服控制器，用于完成机器人各关节位置、速度和加速度控制，如图 4-2-8 所示。

图 4-2-8　轴控制器

9. 辅助设备控制

辅助设备控制用于和机器人配合的辅助设备控制，如手爪、变位器等，如图 4-2-9 所示。

图4-2-9　手爪

10. 通信接口

通信接口用于实现机器人和其他设备的信息交换，一般有串行接口、并行接口等，如图 4-2-10 所示。

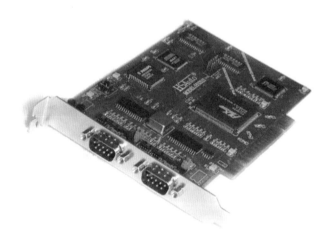

图 4-2-10　通信接口

11. 网络接口

（1）以太网接口

可通过以太网（Ethernet）实现数台或单台机器人的直接计算机通信，数据传输速率高达 10 Mbit/s；可直接在计算机上用 Windows 库函数进行应用程序编程之后，支持 TCP/IP 通信协议，通过以太网接口将数据程序装入各个机器人控制器中，如图 4-2-11 所示。

（2）Fieldbus 接口

支持多种流行的现场总线规格，如 Devicenet、ABRemote I/O、Interbus-s、profibus-DP、M-NET 等，如图 4-2-12 所示。

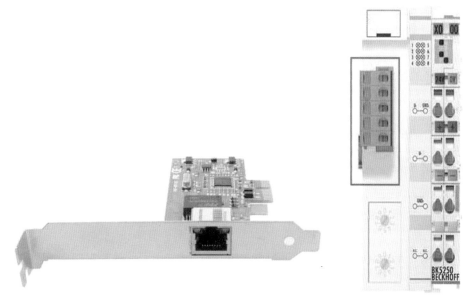

图4-2-11　以太网接口　　　　　　　　　　图4-2-12　Fieldbus接口

完整的控制系统的组成如图 4-2-13 所示。

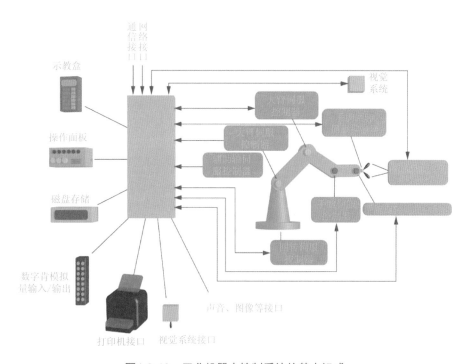

图4-2-13　工业机器人控制系统的基本组成

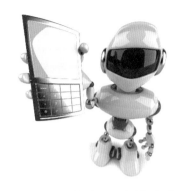

工业机器人控制系统的分类有哪些，你知道吗?

二、工业机器人控制系统的分类

1. 程序控制系统

给每个自由度施加一定规律的控制作用，机器人就可实现要求的空间规律。

2. 自适应控制系统

这种系统当外界条件变化时，可保证所要求的品质，或随着经验的积累能自行改善控制品质。其过程是基于操作机的状态和伺服误差的观察，再调整非线性模型的参数，一直到以误差消失为止。这种系统的结构和参数能随时间和条件自动改变。

3. 人工智能系统

有些场合事先无法编制运动程序，而是要求在运动过程中根据所获得的周围状态信息，实时确定控制作用，这时就需要采用人工智能系统。当外界条件变化时，人工智能系统能保证所要求的品质，或随着经验的积累能自行改善控制品质。这种系统的结构和参数能随时间和条件变化而自动改变，因而是一种自适应控制系统。

4. 点位式控制系统

该系统能准确控制机器人末端执行器的位姿，而与路径无关。

5. 轨迹式控制系统

要求机器人按示教的轨迹和速度运动。

6. 控制总线

国际标准总线控制系统，采用国际标准总线作为控制系统的控制总线。

7. 自定义总线控制系统

由生产厂家自行定义使用的总线作为控制系统总线。

8. 编程方式

它是一种物理设置编程系统。由操作者设置固定的限位开关，实现启动、停车的程序操作，只能用于简单的拾起和放置作业。

9. 在线编程

它可通过人的示教来完成操作信息的记忆过程编程方式，包括直接示教（即手把手示教）模拟示教和示教盒示教。

10. 离线编程

系统不对实际作业的机器人直接示教，而是在远离实际作业环境，就能生成示教程序，用高级机离线生成机器人的作业轨迹。

工业机器人控制系统结构是怎样的？

三、工业机器人控制系统结构

机器人控制系统按其控制方式分为集中控制系统、主从控制系统和分散控系统三类。

1. 集中控制系统

集中控制系统用一台计算机实现全部控制功能，结构简单、成本低，但实时性差，功能难以扩展。早期的机器人常采用这种结构，其构成框图如图 4-2-14 所示。基于计算机的集中控制系统，充分利用了计算机资源开放性的特点，可以实现很好的开放性：多种控制卡，传感器设备等都可以通过标准 PCI 插槽或通过标准串口、并口集成到控制系统中。集中式控制系统的优点是，硬件成本较低，便于信息的采集和分析，易于实现系统的最优控制，整体性与协调性较好，基于计算机的系统，硬件扩展较为方便。其缺点也显而易见：系统控制缺乏灵活性，控制危险容易集中，一旦出现故障，其影响面广，后果严重；由于工业机器人的实时性要求很高，系统进行大量数据计算，会降低系统实时性，系统对多任务的响应能力也会与系统的实时性相冲突；此外，系统连线复杂，会降低系统的可靠性。

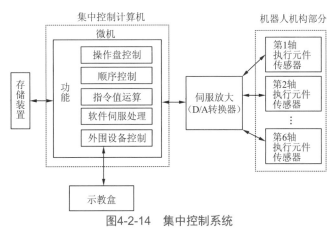

图4-2-14　集中控制系统

2. 主从控制系统

采用主、从两级处理器实现系统的全部控制功能。主计算机实现管理、坐标变换、轨迹生成和系统自诊断等，从计算机实现所有关节的动作控制。其构成框图如图 4-2-15 所示。主从控制方式系统实时性较好，适于高精度、高速度控制，但其系统扩展性较差，维修困难。

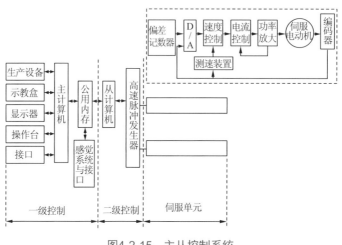

图4-2-15　主从控制系统

3. 分布式控制系统

按系统的性质和方式将系统控制分成几个模块，每一个模块各有不同的控制任务和控制策略，各模式之间可以是主从关系，也可以是平等关系。这种方式实时性好，易于实现高速、高精度控制，易于扩展，可实现智能控制，是目前流行的方式，其控制框图如图 4-2-16 所示。其主要思想是"分散控制，集中管理"，即系统对其总体目标和任务可以进行综合协调和分配，通过子系统的协调工作来完成控制任务，整个系统在功能、逻辑和物理等方面都是分散的，所以分布式控制系统又称为集散控制系统或分散控制系统。这种结构中，子系统是由控制器和不同被控对象或设备构成的，各个子系统之间通过网络等相互通信；分如式控制结构提供了一个开放、实时、精确的机器人控制系统，分布式控制系统中常采用两级控制方式。

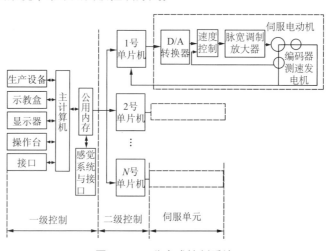

图4-2-16　分布式控制系统

两级分布式控制系统常由上位机、下位机和网络组成。上位机可以进行不同的轨迹规划和控制算法，下位机进行插补细分、控制优化等，上位机和下位机通过通讯总线相互协调工作。这里的通讯总线可以是 RS-232、RS-458、EEE-458 以及 USB 总线等。现在，以太网和现场总线技术的发展为机器人提供更快速、稳定、有效的通信服务。尤其是现场总线，它应用于生产现场、在计算机测量控制设备之间实现双向多结点数字通信，从而形成了新型的网络集成式全分布控制系统——现场总线控制系统 FCS。在工厂生产网络中，通过现场总线连接的设备统称为"现场设备/仪表"。从系统论的角度来说，工业机器人作为工厂的生产设备之一，也可以归纳为现场设备。在机器人系统中引入现场总线技术后，更有利于机器人在工业生产环境中的集成。

课后习题

1. 工业机器人控制系统的基本组成有哪些？
2. 工业机器人控制系统的分类有哪些？
3. 机器人控制系统按其控制方式分为三类：＿＿＿＿系统、＿＿＿＿系统和＿＿＿＿系统。

学习任务三　工业机器人的驱动方式

🛰 任务目标

- 分析工业机器人驱动系统的基本原理，判断驱动方式和主要作用，养成通过事物看本质的习惯。
- 分析工业机器人驱动方式及其原理，了解现象特征，培养抓住事物本质特征分析问题的能力。
- 学习工业机器人驱动系统的主要作用，养成理论结合实践的工作态度。

📖 知识准备

工业机器人驱动系统的主要作用是什么？

一、液压驱动

机器人的液压驱动将已有压力的油液作为传递的工作介质，用电动机带动油泵输出压力油，电动机供给的机械能转换成油液的压力能。压力油经过管道及一些控制调节装置等进入油缸，推动活塞杆运动，从而使手臂伸缩、升降，油液的压力能又转换成机械能。

手臂在运动时所能克服的摩擦阻力大小，以及夹持式手部夹紧工件时所需保持的握力大小，均与油液的压力和活塞的有效工作面积有关。手臂做各种动作的速度取决于流入密封油缸中油液面积的大小。借助运动的压力油的体积变化来传递动力的液压传动称为容积式液压传动。液压驱动系统组成如图 4-3-1 所示。

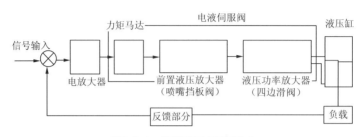

图4-3-1　液压驱动系统组成

1. 液压系统的组成

（1）油泵

即供给液压系统，驱动系统压力油，将电动机输出的机械能转换为油液的压力能，用压力油驱动整个液压系统的工作。

（2）液动机

即压力油驱动运动部件对外工作的部分。手臂做直线运动的液动机称为手臂伸缩油缸；做回转运动的液动机，一般称为油马达；回转角度小于 360° 的液动机，一般称为回转油缸（或摆动油缸）。

（3）控制调节装置

即各种阀类，如单向阀、溢流阀、换向阀、节流阀、调速阀、减压阀和顺序阀等。每种阀各起一定的作用，使机器人的手臂、手腕、手指等能够完成所要求的运动。

（4）辅助装置

如油箱、滤油器、储能器、管路和管接头以及压力表等。

2. 液压系统的特点

（1）能得到较大的输出力或力矩

一般得到 2.0~7.0 MPa 的油液压力是比较方便的，而通常工厂的压缩空气压力均为 0.4~0.6 MPa。因此在活塞面积相同的条件下，液压机械手的载荷比气动机械手的载荷大得多。液压机械手搬运质量已达到 800 kg 以上，而气动机械手的搬运质量一般小于 30 kg。

（2）液压传动滞后现象小

与空气相比，油液的压缩性极小，故传动的滞后小，反应较灵敏，传动平稳。气压传动虽易得到较大速度（1 m/s 以上），但空气黏性比较低，传动冲击较大，不利于精确定位。

（3）输出力和运动速度控制较容易

输出力和运动速度在一定的油缸结构尺寸下，主要取决于油液的压力和流量，通过调节相应的压力和流量控制阀，能比较方便地控制输出功率。

（4）可达到较高的定位精度

目前一般液压机器人，在速度低于 100 mm/s 抓较轻的物品时，采用适宜的缓冲措施和定位方式，定位精度可达 ±1 ~ ±0.002mm。若采用电液伺服系统控制，不仅定位精度高，而且可连续任意定位，适用于高速、重载荷的通用机器人。

（5）系统的泄漏难以避免

液压系统的泄漏难以避免，影响工作效率和系统的工作性能。工作精度越高，对密封装置和配合制动精度要求就越高。

油液的黏度对温度的变化很敏感，当温度升高时，油的黏度即显著降低，油液黏度的变化直接影响液压系统的性能和泄漏量。另外，在高温条件下工作时，必须注意油液着火等危险。

工业机器人驱动方式及其原理，你知道吗？

二、气动驱动

气动驱动机器人是指以压缩空气为动力源驱动的机器人，气压驱动系统组成如图 4-3-2 所示。

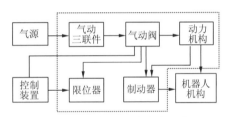

图4-3-2 气压驱动系统组成

1. 气动系统的组成

（1）气源系统

压缩空气是保证气动系统正常工作的动力源。一般工厂均设有压缩空气站，压缩空气站的设备主要是空气压缩机和气源净化辅助设备（气动三联件），如图 4-3-3 所示。

（a）空气压缩机

（b）气动三联件

图4-3-3 空气压缩机和气动三联件

压缩空气为什么要经过净化呢？这是因为压缩空气中含有水汽、油气和灰尘，这些杂质如果被直接带入储气罐、管道及气动元件和装置中，就会引起腐蚀、磨损、阻塞等一系列问题，从而造成气动系统效率和寿命降低、控制失灵等严重后果。

（2）气源净化辅助设备

气源净化辅助设备有后冷却器、油水分离器、储气罐、过滤器等。

① 后冷却器：安装在空气压缩机出口处的管道上，它的作用是使压缩空气降温。因为一般的工作压力为 0.8 MPa 的空气压缩机排气温度高达 140~170 ℃，压缩空气中所含的水和油（气缸润滑油混入压缩空气）均为气态。经后冷却器降温至 40~50 ℃后，水汽和油气聚成水滴和油滴，再经油水分离器析出。该设备如下图 4-3-4 所示。

② 油水分离器：其功能是将水、油分离出去，如图 4-3-5 所示。

图4-3-4　后冷却器　　　　　　　　　　图4-3-5　油水分离器

③ 储气罐：存储较大量的压缩空气，以供给气动装置连续的和稳定的压缩空气，并可减少由于气流脉动所造成的管道振动，如图 4-3-6 所示。

图4-3-6　储气罐

④ 过滤器：空气过滤的目的是得到纯净而干燥的压缩空气能源。一般气动控制元件对空气的过滤要求比较严格，常采用简易过滤器过滤后，再经分水滤气器二次过滤，如图 4-3-7 所示。

（3）气动执行机构

气动执行机构包括气缸、气动马达（或气马达）。

① 气缸：将压缩空气的压力能转换为机械能的一种能量转换装置。它可以输出力，驱动工作部分做直线往复运动或往复摆动，其外形如图 4-3-8 所示。

图4-3-7　过滤器　　　　　　　　　　　　　　　　　图4-3-8　气缸

② 气动马达：把压缩空气的压力能转变为机械能的能量转换装置。它输出力矩，驱动机构做回转运动，其外形如图 4-3-9 所示。

（4）空气控制阀和气动逻辑元件

空气控制阀是气动控制元件，它的作用是控制和调节气路系统中压缩空气的压力、流量和方向，从而保证气动执行机构能按规定的程序正常地进行工作。

空气控制阀有压力控制阀、流量控制阀和方向控制阀等三类，如图 4-3-10 所示。

图4-3-9　气动马达

（a）压力控制阀

（b）流量控制阀　　　　　（c）方向控制阀

图4-3-10　空气控制阀

气动逻辑元件是通过可动部件的动作，进行元件切换而实现逻辑功能的，电器元件应用在自动控制系统中具有很多优点。但是，在工作次数极为频繁的场合中，电磁阀或继电器的寿命不易满足要求，电火花会引起爆炸或火灾。因此发展出一条全气动控制系统，这为气动逻辑元件的自动控制系统提供了一条既简单、经济，又可靠和寿命长的新途径。

2. 气动驱动系统的优点

① 空气取之不尽，用过之后排入大气，不需回收和处理，不污染环境。

② 空气的黏度很小，管路中压力损失也就很小（一般气路阻力损失不到油路阻力损失的千分之一），便于远距离输送。

③ 压缩空气的工作压力较低，因此对气动元件的材质和制造精度要求可以降低。一般说来，往复运动推力在 10~20 kN 以下的采用气动驱动经济性较好。

④ 与液压传动相比，它的动作和反应都较快，这是气动的突出优点之一。

⑤ 空气介质清洁，不会变质，管路不易堵塞。

⑥ 可安全地应用在易燃、易爆和粉尘大的场合，又便于实现过载自动保护。

3. 气动驱动系统的缺点

① 气控信号与电子和光学控制信号相比，其速度慢得多，它不能用在信号传递速度要求高的场合。

② 空气的可压缩性，致使气动工作的稳定性差，因而造成执行机构的运动速度和定位精度不易控制。

③ 由于使用气压较低，因此其输出力不可能太大。要增加输出力，整个气动系统的结构尺寸就要加大。

④ 气动的效率较低，空气压缩机的效率仅为 55%，这是由于压缩空气用过之后排空会损失一部分能量。

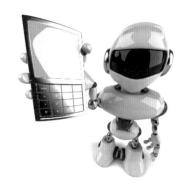

工业机器人电动驱动是怎样的呢?

三、电动驱动

电动驱动（电气驱动）是利用各种电动机产生的力或力矩，直接或经过减速机构去驱动机器人的关节，以获得所要求的位置、速度和加速度的驱动方法。电动驱动包括驱动器和电动机。对于电动驱动，第一个要解决的问题是，如何让电动机根据要求转动。一般来说，有专门的控制卡和控制芯片来进行控制。将微控制器和控制卡连接起来，就可以用程序来控制电动机。第二个要解决的问题是，控制电动机的速度，这主要表现在机器人或者手臂的实际运动速度上。机器人运动的快慢全靠电动机的转速，因此，需要控制卡对电动机的速度进行控制。电动驱动组成系统如图 4-3-11 所示。

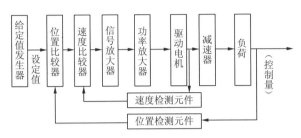

图4-3-11　电动系统组成

1. 驱动器

现在一般都利用交流伺服驱动器来驱动电动机。伺服驱动器一般分为两种结构：集成式和分离式。其外形如图 4-3-12 所示。

图4-3-12　伺服驱动器

使用驱动器驱动电动机的优点如下：

① 调整范围宽。

② 定位精度高。

③ 有足够的传动刚度和高的速度稳定性。

④ 快速响应，无超调。

为了保证生产效率和加工质量，除了要求有较高的定位精度外，还要求有良好的快速响应特性，即要求跟踪指令信号的响应要快。因为系统在启动、制动时，要求加、减加速度足够大，缩短系统的过渡过程时间，减小轮廓过渡误差。

⑤ 低速大转矩，过载能力强。一般来说，伺服驱动器具有数分钟至半小时内 1.5 倍以上的过载能力，在短时间内可以过载 4 ～ 6 倍而不损坏。

⑥ 可靠性高。要求数控机床的进给驱动系统可靠性高、工作稳定性好，具有较强的温度、湿度、振动等环境适应能力和很强的抗干扰的能力。

2. 电动机

电动机是机器人电气驱动系统中的执行元件。常用的电动机有直流伺服电动机、交流伺服电动机和步进电动机等。

（1）直流伺服电动机

直流伺服电动机是最普通的电动机，速度控制相对比较简单。直流电动机最大的问题是没法精确控制电动机转动的转数，也就是位置控制。必须加上一个编码盘进行反馈，来获得实际转动的转数。普通交、直流电动机驱动需加减速装置，输出力矩大，但控制性能差，惯性大，适用于中型或重型机器人。其外形如图 4-3-13 所示。

图4-3-13　直流伺服电机

在 20 世纪 80 年代以前，机器人广泛采用永磁式直流伺服电动机作为执行机构，近年来，直流伺服电动机受到无刷电动机的挑战和冲击，但在中小功率的系统中，永磁式直流伺服电动机还是常常使用的。

直流电动机在结构上存在机械换向器和电刷，使它具有一些难以克服的固有缺点，如维护困难，寿命短，转速低（通常低于 2 000 r/min），功率体积比不高等。将直流电动机的定子和转子互换位置，形成无刷电动机。转子由永磁铁组成，定子绕有通电线圈，并安装用于检测转子位置的霍尔元件、光码盘或旋转编码器。无刷电动机的检测元件检测转子的位置，决定电流的换向。

无刷直流电动机在运行过程中要进行转速和换向两种控制，控制提供给定子线圈的电流，就可以控制转子的转速：在转子到达指定位置时，霍尔元件检测到该位置并改变定子导通相位，实现定子磁场改变，从而实现无接触换向。同直流电动机相比，无刷电动机具有以下优点：

① 无刷电动机没有电刷，不需要定期维护，可靠性更高。

② 没有机械换向装置，因而它有更高转速。

③ 克服大电流在机械式换向器换向时易产生火花、电蚀，因而可以制造更大容量的电动机。

无刷电动机分为无刷直流电动机和无刷交流电动机（交流伺服电动机）：

无刷直流电动机迅速推广应用的重要因素之一是近十多年来大功率集成电路的技术进步，特别是无刷直流电动机专用的控制集成电路出现，缓解了良好控制性能和昂贵成本的矛盾。

近年来，在机器人中，交流伺服电动机正在取代传统的直流伺服电动机。交流伺服电动机的发展速度取决于 PWM 控制技术，高速运算芯片（如 DSP）和先进的控制理论，如矢量控制、直接转矩控制等。电动机控制系统通过引入微处理芯片实现模拟控制向数字控制的转变，数字控制系统促进了各种现代控制理论的应用，非线性解耦控制，人工神经网络，自适应控制、模糊控制等控制策略纷纷引入电动机控制中，由于微处理器的处理速度和存储容量都有大幅度的提高，一些复杂的算法也能实现，原来由硬件实现的任务现在通过算法实现，不仅提高了可靠度，还降低了成本。

（2）步进电动机

步进电动机输出力矩相对小，控制性能好，可实现速度和位置的精确控制，适用于中小型机器人。其外形如图 4-3-14 所示。

图4-3-14 步进电动机

步进电动机是一种将电脉冲信号转换成相应的角位移或直线位移的数字模拟装置。步进电动机有旋转式步进电动机和直线式步进电动机两类，对于旋转式步进电动机而言，每当输入一个电脉冲，步进电动机输出轴就转动一定角度，如果不断地输入电脉冲信号，步进电动机就一步步地转动，且步进电动机转过的角度与输入脉冲个数严格成比例关系，能方便地实现正、反转控制及调速和定位。步进电动机不同于通用的直流或交流电动机，它必须与驱动器和直流电源组成系统才能工作，通常所说的步进电动机，一般是指步进电动机和驱动器的成套装置，步进电动机的性能在很大程度取决于矩频特性，而矩频特性又和驱动器的性能密切相关。

驱动器分为脉冲分配器和功率放大器两类。

脉冲分配器是根据指令把脉冲信号按一定的逻辑关系加到功率放大器上，使各相绕组按一定的顺序和时间导通和切断，并根据指令使电动机正转、反转，实现确定的运行方式的装置。

步进电动机经常应用于开环控制系统，其特点如下。

① 输出角与输入脉冲严格成比例，且在时间上同步。步进电动机的步距角不受各种干涉因素（如电压的大小、电流的数值、波形）等影响，转子的速度主要取决于脉冲信号的频率，总的位移量则取决于总脉冲数。

② 容易实现正反转和启、停控制，启停时间短。

③ 输出转角的精度高，无积累误差。步进电动机实际步距角与理论步距角总有一定的误差，且误差可以累加，但在步进电动机转过一周后，总的误差又回到零。

④ 直接用数字信号控制，与计算机连接方便。

⑤ 维修方便，寿命长。

（3）交流伺服电动机

交流伺服电动机（见图4-3-15）一般用于闭环控制系统，而步进电动机主要用于开环控制系统，一般用于速度和位置精度要求不高的场合。

图4-3-15　交流伺服电动机

交流伺服电动机的转子是永磁的，线圈绕在定子上，没有电刷。线圈中通交变电流，转子上装有码盘传感器，检测转子所处的位置，根据转子的位置，控制通电方向。由于线圈绕在定子上，可以通过外壳散热，可做成大功率电动机。没有电刷，免维护，是目前在机器人上应用最多的电动机。

和步进电动机相比，交流伺服电动机有以下优点。

① 实现了位置、速度和力矩的闭环控制，克服了步进电动机失步问题。

② 高速性能好，一般额定转速能达到 2 000~3 000 r/min。

③ 抗过载能力强，能承受 3 倍于额定转矩的负载，对于有瞬间负载波动和要求快速启动的场合特别适用。

④ 低速运行平稳，低速运行时不会产生类似于步进电动机的步进运行现象。

⑤ 电动机加减速的动态响应时间短，一般在几十毫秒之内。

⑥ 发热和噪声明显降低。

3. 制动器

许多机器人的机械臂都需要在各关节处安装制动器，其作用是：在机器人停止工作时，保持机械臂的位置不变，在电源发生故障时，保护机械臂和它周围的物体不发生碰撞。其外形如图 4-3-16 所示。

图4-3-16　制动器

两级分布式控制系统常由上位机、下位机和网络组成。上位机可以进行不同的轨迹规划和控制算法，下位机进行插补细分、控制优化等，上位机和下位机通过通信总线相互协调工作。例如，机器人中的齿轮、谐波齿轮和滚珠丝杠等元件的质量大，一般其摩擦力都很小，在驱动器停止工作的时候，它们是不能承受负载的。如果不采用如制动器、加紧器或止挡等装置，一旦电源关闭，机器人的各个部件就会在重力的作用下滑落。

制动器通常是按失效抱闸方式工作的，即要放松制动器就必须接通电源，否则，各关节不能产生相对运动。它的主要目的是，在电源出现故障时起保护作用。其缺点是，在工作期间要不断花费电力使制动器放松。为了使关节定位准确，制动器必须有足够的定位精度，制动器应当尽可能地放在系统的驱动输入端，这样利用传动链，能够减小制动器的轻微滑动所引起的系统移动，保证在承载条件下具有要求的定位精度。

4. 减速机

目前，机器人普遍采用交流伺服电动机驱动，为了提高控制精度，增大驱动力矩，一般均需配置减速机。其外形如图4-3-17所示。

图4-3-17 紧密减速机

课后习题

1. 工业机器人的驱动方式有哪些？
2. 简述液压驱动系统的组成及特点。
3. 简述气动驱动系统的组成及特点。
4. 简述电机驱动系统的组成及特点。

项目五
工业机器人感觉系统认知

工业机器人
传感器分类

工业机器人的工作稳定性和可靠性依赖于机器人对工作环境的感知和自主适应能力，因此需要高性能传感器及各传感器之间的协调工作。机器人感知系统担任着机器人神经系统的角色，将机器人各种内部状态信息和环境信息从信号转变为机器人自身或者机器人之间能够理解和应用的数据、信息甚至知识，它与机器人控制系统和决策系统组成机器人的核心。

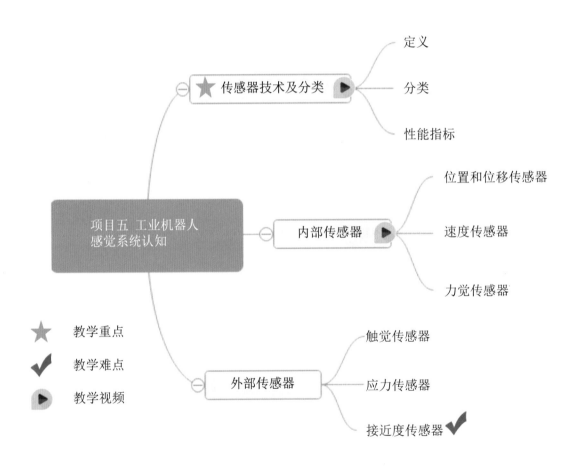

项目五 工业机器人感觉系统认知

传感器技术及分类 ★
- 定义
- 分类
- 性能指标

内部传感器
- 位置和位移传感器
- 速度传感器
- 力觉传感器

外部传感器
- 触觉传感器
- 应力传感器
- 接近度传感器 ✔

★ 教学重点
✔ 教学难点
▶ 教学视频

任务目标

- 通过学习工业机器人传感器分类、性能指标、选择应用等知识，学会从现象到本质分析问题的方法。
- 通过分析工业机器人传感器特征进行分类，养成抓住事务本质观察问题和分析问题的习惯。
- 学习传感器的性能指标，判断传感器的优劣，学会甄别事物能力。
- 分析和选择传感器，学会优化组合，养成整体性思维和全局思维的习惯。

知识准备

工业机器人的传感器指的是什么？

一、传感器的定义

传感器是一种以一定精度测量出物体的物理、化学变化（如位移、力、加速度、温度等），并将这些变化转换成与之有确定对应关系的、易于精确处理和测量的某种电信号（如电压、电流、频率）的检测部件或装置，通常由敏感元件、转换元件、转换电路和辅助电源四部分组成，如图5-1-1所示。其中，敏感元件的基本功能是将敏感元件输出的物理量转换成电量，它与敏感元件一起构成传感器的主要部分；转换电路的功能是将敏感元件产生的不易测量的小信号进行交换，使传感器的信号输出符合工业系统的要求（如 4 ~ 20 mA、-5 ~ 5 V）。转换元件和转换电路一般还需要辅助电源供电。

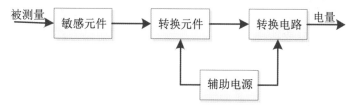

图5-1-1　传感器的组成

工业机器人传感器的分类有哪些？

二、工业机器人传感器的分类

工业机器人传感器有多种分类方法，如接触式传感器或非接触传感器、内部信息传感器或外部信息传感器、无源传感器或有源传感器、无扰传感器或扰动传感器。

非接触传感器以某种电磁射线（可见光、X 射线、红外线、雷达波和电磁射线等），声波、超声波形式来测量目标的响应，图 5-1-2 所示为四类常用的非接触传感器。接触式传感器则以某种实际接触（如触碰、力或力矩、压力、位置、温度、磁量、电量等）形式来测量目标的响应，图 5-1-3 所示为两种常用的接触式传感器。尽管还有许多传感器有待发明，但现有的已形成通用种类，如在机器人采集信息时不允许与零件接触的场合，它的采样环节就需要使用非接触式传感器。对于非接触式传感器的不同类型，可以划分为只测量一个点的响应和给出一个空间阵列或若干相邻点的测量信息这两种。例如，利用超声测距装置测量一个点的响应，它是在一个锥形信息收集空间内测量靠近物体的距离。照相机则是测量空间阵列信息最普通的装置。接触式传感器可以测定是否接触，也可测量力或转矩。最普通的触觉传感器就是一个简单的开关，当它接触零部件时，开关闭合。一个简单的力传感器可用一个加速度传感器来测量其加速度，进而得到被测力。这些传感器也可按用直接方法测量还是用间接方法测量来分类。例如，力可以从机器人手上直接测量，也可以机器人对工作表面的作用间接测量。力和触觉传感器还可进一步细分为数字式或模拟式等其他类别。

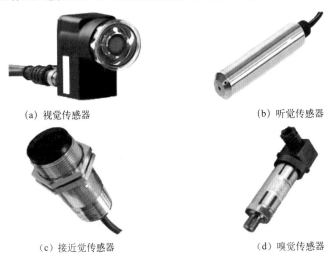

(a) 视觉传感器　　　　　　　　　(b) 听觉传感器

(c) 接近觉传感器　　　　　　　　(d) 嗅觉传感器

图5-1-2　非接触式传感器

内部信息传感器以机器人本身的坐标轴来确定其位置，安装在机器人自身中，用来感知机器人自己的状态，采集机器人本体、关节和手爪的位移、速度、加速度等来自机器人内部的信息，以调整和控制机器人的行动。内部传感器通常由位置、加速度、速度及压力传感器等组成，如图 5-1-3 所示。外部传感器用于机器人对周围环境、目标物的状态特征获取信息，使机器人和环境发生交互作用，采集机器人与外部环境以及工作对象之间相互作用的信息，从而使机器人对环境有自校正和自适应能力。

(a) 位置传感器　　　　　　　　　　(b) 加速度传感器

(c) 速度传感器　　　　　　　　　　(d) 平衡传感器

图5-1-3　内部信息传感器

工业机器人所要完成的任务不同，其配置的传感器类型和规格也不相同，一般根据内部信息传感器和外部信息传感器进行划分，如图 5-1-4 所示。

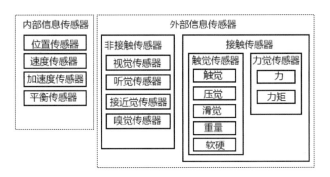

图5-1-4　工业机器人的传感器分类

怎么选择合适的工业机器人传感器？

三、传感器的性能指标

为评价或选择传感器，通常需要确定传感器的性能指标。传感器一般有以下几个性能指标。

1. 灵敏度

灵敏度是指传感器的输出信号达到稳定时，输出信号变化与输入信号变化的比值。假如传感器的输出和输入呈线性关系，其灵敏度可表示为：

$$s = \Delta y / \Delta x$$

式中，s 为传感器的灵敏度；Δy 为传感器输出信号的增量；Δx 为传感器输入信号的增量。

假如传感器的输出与输入呈非线性关系，其灵敏度就是该曲线的导数。传感器输出量的量纲不一定相同。若输出与输入具有相同的量纲，则传感器的灵敏度也称为放大倍数。一般来说，传感器的灵敏度越大越好，这样可以使传感器的输出信号精确度更高，线性程度更好。但是过高的灵敏度有时会导致传感器的输出稳定性下降，所以应根据机器人的要求选择大小适中的传感器灵敏度。

2. 线性度

线性度反映传感器输出信号与输入信号之间的线性程度。假设传感器的输出信号为 y，输入信号为 x，则输出信号 y 与输入信号 x 之间的线性关系可表示为：

$$y = kx$$

若 k 为常数，或者近似为常数，则传感器的线性度较高；如果 k 是一个变化较大的量，则传感器的线性度较差。机器人控制系统应该选用线性度较高的传感器。实际上，只有在少数情况下，传感器的输出和输入才呈线性关系。在大多数情况下，k 为 x 的函数，即：

$$y = f(x) = a_0 + a_1 x_1 + 2 x_2 + \cdots + a_n x_n$$

如果传感器的输入量变化不太大，且 a_1，a_2，$\cdots$，a_n 都远小于 a_0，那么可以取 $k = a_0$，近似地把传感器的输出和输入看成线性关系。常用的线性化方法有割线法、最小二乘法、最小误差法等。

3. 测量范围

测量范围是指测量的最大允许值和最小允许值之差。一般要求传感器的测量范围必须覆盖机器人有关被测量的工作范围。

4. 精度

精度是指传感器的测量输出值与实际被测量值之间的误差。在机器人系统设计中，应根据系统的工作精度要求选择合适的传感器精度。

应该注意传感器精度的使用条件和测量方法。使用条件包括机器人所有可能的工作条件，如不同的温度、湿度、运动速度、加速度以及在可能范围内的各种负载作用等。用于检测传感器精度的测量仪器必须具有比传感器高一级的精度，进行精度测试时也需要考虑最坏的工作条件。

5. 重复性

在相同测量条件下，对同一被测量进行连续多次测量所得结果之间的一致性称为重复性。若一致性好，传感器的测量误差就越小，重复性越好。对于多数传感器来说，重复性指标都优于精度指标，这些传感器的精度不一定很高，但只要温度、湿度、受力条件和其他参数不变，传感器的测量结果也不会有较大变化。同时，对于传感器的重复性也应考虑使用条件和测试方法的问题。对于示教再现型机器人，传感器的重复性至关重要，它直接关系到机器人能否准确再现示教轨迹。

6. 分辨率

分辨率是指传感器在整个测量范围内所能识别的被测量的最小变化量，或者所能辨别的不同被测量的个数。如果它辨别的被测量最小变化量越小，或者被测量个数越多，则分辨率越高；反之，则分辨率越低。无论是示教再现型机器人，还是可编程型机器人，都对传感器的分辨率有一定要求。传感器的分辨率直接影响机器人的可控程度和控制品质。一般需要根据机器人的工作任务规定传感器分辨率的最低限度要求。

7. 响应时间

响应时间是传感器的动态性能指标，是指传感器的输入信号变化后，其输出信号随之变化并达到一个稳定值所需要的时间。在某些传感器中，输出信号在达到某一稳定值之前会发生短时间的振荡。传感器输出信号的振荡对于机器人控制系统来说非常不利，它有时可能会造成一个虚设位置，影响机器人的控制精度和工作精度，所以传感器的响应时间越短越好。响应时间的计算应当以输入信号起始变化的时刻为始点，以输出信号达到稳定值的时刻为终点。实际上，还需要规定一个稳定值范围，只要输出信号变化不再超出此范围，即可认为它已经达到了稳定值。对于具体系统设计，还应规定响应时间容许上限。

8. 抗干扰能力

机器人的工作环境是多种多样的，在有些情况下可能相当恶劣，因此对于机器人传感器必须考虑其抗干扰能力。由于传感器输出信号的稳定是控制系统稳定工作的前提，为防止机器人系统意外动作或发生故障，设计传感器系统时必须采用可靠设计技术。通常抗干扰能力是通过单位时间内发生故障的概率来定义的，因此它是一个统计指标。

在选择工业机器人传感器时，需要根据实际工况、检测精度、控制精度等具体的要求来确定所用传感器的各项性能指标，同时还需要考虑机器人工作的一些特殊要求，比如重复性、稳定性、可靠性、抗干扰性要求等，最终选择性价比较高的传感器。

课后习题

1. 传感器是一种以一定精度测量出物体的物理、化学变化（如位移、力、加速度、温度等），并将这些变化转换成与之有确定对应关系的、易于精确处理和测量的某种信号（如电压、电流、频率）的检测部件或装置，通常由_____、_____、_____和_____四部分组成。

2. 传感器有哪些性能指标？

学习任务二　工业机器人内部传感器

🔧 任务目标

- 通过学习工业机器人内部传感器原理和特点，分析事物本质问题，培养抓住事物本质看问题的能力。
- 通过抓住工业机器人各内部传感器的特征进行区别，养成观察、分析、总结规律的习惯。

📖 知识准备

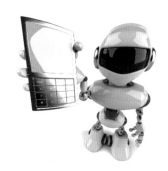

工业机器人内部传感器的原理是什么？

一、位置和位移传感器

工业机器人关节的位置控制是机器人最基本的控制要求，相应地，对位置和位移[1]的检测是机器人最基本的感觉要求。位置和位移传感器根据其工作原理和组成的不同有多种形式。图 5-2-1 所示为各种类型的位移传感器，位移传感器要检测的位移可为直线移动，也可为曲线转动。位移传感器种类繁多，本任务只介绍一些常用的。

图5-2-1　位移传感器的分类

1. 电位式位移传感器

电位器式位移传感器由一个绕线电阻（或薄膜电阻）和一个滑动触电组成。滑动触电通过机械装置受被检测量的控制，当被检测的位置变化时，滑动触点也发生位移，从而改变滑动触点与

---

[1] 位移：用位移表示物体(质点)的位置变化。定义为：由初位置到末位置的有向线段。其大小与路径无关，方向由起点指向终点。它是一个有大小和方向的物理量，即矢量。

电位器各端之间的电阻值和输出电压值。传感器根据这种输出电压值的变化，可以检测出机器人各关节的位置和位移量。

按照传感器的结构不同，电位器式位移传感器可分为两大类，一类是直线型电位器式位移传感器，另一类是旋转型电位器式位移传感器。

（1）直线型电位器式位移传感器

直线型电位器式位移传感器的工作原理和实物分别如图5-2-2和图5-2-3所示。直线型电位器式位移传感器的工作台与传感器的滑动触点相连，当工作台左、右移动时，滑动触点也随之左、右移动，从而改变与电阻接触的位置，通过检测输出电压的变化量，确定以电阻中心为基准位置的移动距离。

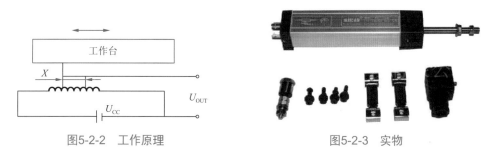

图5-2-2 工作原理　　　　　　　图5-2-3 实物

假定输入电压为 U_{CC}，电阻丝长度为 L，触头从中心向左端移动，电阻右侧的输出电压为 U_{OUT}，则根据欧姆定律，移动距离为：

$$x = \frac{L(2U_{OUT} - U_{CC})}{2U_{CC}}$$

直线型电位器式位移传感器只用于检测直线位移，其电阻器采用直线型螺旋线管或直线型碳膜电阻，滑动触点也只能沿电阻的轴线方向做直线运动。直线型电位器式位移传感器的工作范围和分辨率受电阻器长度的限制，绕线电阻、电阻丝本身的不均匀性会造成传感器的输入、输出关系的非线性。

（2）旋转型电位器式位移传感器

旋转型电位器式位移传感器的电阻元件呈圆弧状，滑动触点在电阻元件上做圆周运动。由于滑动触点等的限制，传感器的工作范围只能小于360°。把图5-2-4中的电阻元件弯成圆弧形，可动触点的另一端固定在圆的中心，并像时针那样回转，由于电阻值随着回转曲的变化而改变，因此可构成角度传感器（基于上述同样的理论）。当输入电压 U_{CC} 加在传感器的两个输入端时，传感器的输出电压 U_{OUT} 与滑动触点的位置成比例。在应用时，机器人的关节轴与传感器的旋转轴相连，根据测量的输出电压 U_{OUT} 的数值，即可计算出关节对应的旋转角度。图5-2-4和图5-2-5所示分别为旋转型电位器式位移传感器的工作原理和实物。

电位器式位移传感器具有性能稳定、结构简单、使用方便、尺寸小、重量轻等优点。它的输入/输出特性可以是线性的，也可以根据需要选择其他任意函数关系的输入/输出特性；它的输出信号选择范围很大，只需改变电阻器两端的基准电压，就可以得到比较小或比较大的输出电压信号。这种传感器不会因为失电而丢失其已获得的信息。当电源因故障断开时，电位器的触点将保持原来的位置不变；只要重新接通电源，原有的位置信号就会重新出现。电位器式位移传感器的一个主要缺点是容易磨损，当滑动触点和电位器之间的接触面有磨损或有尘埃附着时会产生噪声，使电位器的可靠性和寿命受到一定的影响。正因为如此，电位器式位移传感器在机器人上的应用具有极大的局限性。近年来随着光电编码器价格的降低，电位器式位移传感器逐渐被光电编码器取代。

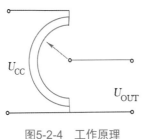

图5-2-4　工作原理　　　　　　　图5-2-5　实物

2. 光电编码器

光电编码器是集光、机、电技术于一体的数字化传感器，它利用光电转换原理将旋转信息转换电信息，并以数字代码输出，可以高精度地测量转角或直线位移。光电编码器具有测量范围大、检测精度高、价格便宜等优点，在数控机床和机器人的位置检测及其他工业领域，得到了广泛的应用。一般把该传感器安装在机器人各关节的转轴上，用来检测各关节转轴转过的角度。

根据检测原理，编码器可分为接触式和非接触式两种。接触式编码器采用电刷输出，以电刷接触导电区和绝缘区分别表示代码的 1 和 0 状态；非接触式编码器的敏感元件是光敏元件或磁敏元件，采用光敏元件时以透光区和不透光区表示代码的 1 和 0 状态。根据不同的测量方式，编码器可分为直线型（如光栅尺、磁栅尺）和旋转型两种。目前，机器人中较为常用的是旋转型光电式编码器。根据测出的信号不同，编码器可分为绝对式和增量式两种。以下主要介绍绝对式光电编码器和增量式光电编码器。

（1）绝对式光电编码器

绝对式光电编码器是一种直接编码式的测量元件，它可以把被测转角或位移直接转化成相应的代码，指示的是绝对位置而无绝对误差，在电源切断时不会失去位置信息。但其结构复杂、价格昂贵，且不易做到高精度和高分辨率。

绝对式光电编码器主要由多路光源、光敏元件和编码盘组成，如图 5-2-6 所示。编码盘处在光源与光敏元件之间，其轴与电动机轴相连，随电动机的旋转而旋转。编码盘上有 4 个同心圆环码道，整个圆盘又以一定的编码形式（如二进制编码等）分为 16 等份的扇形区段，如图 5-2-7 所示。光电编码器利用光电原理，把代表被测位置的各等份上的数码转换成电脉冲信号输出，以用于检测。

与码道个数相同的 4 个光电器件分别与各自对应的码道对准，并沿编码盘的半径呈直线排列，通过这些光电器件的检测把代表被测位置的各等份上的数码转换成电信号输出。编码盘每转一周产生 0000 到 1111 共 16 个二进制数，对应于转轴的每一个位置均有唯一的二进制编码，因此可用于确定旋转轴的绝对位置。

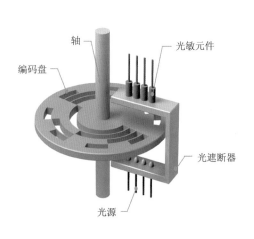

图5-2-6　绝对式光电编码器组成（AR模型）

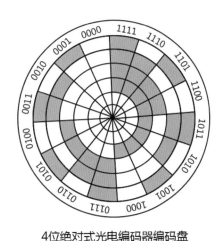

图5-2-7　编码盘

绝对位置的分辨率（分辨角）α 取决于二进制编码的位数，即码道的个数 n。分辨率 α 的计算公式为：

$$\alpha=(360°)/2^n$$

如有 10 个码道，则此时角度分辨率可达 $0.35°$。目前市场上使用的光电编码器的编码盘数为 4~18 道。在应用中通常考虑伺服系统要求的分辨率和机械传动系统的参数，以选择合适的编码器。

二进制编码器的主要缺点：编码盘上的图案变化较大，在使用中容易产生误读。在实际应用中，可以采用格雷码代替二进制编码。

（2）增量式光电编码器

增量式光电编码器能够以数字形式测量出转轴相对于某一基准位置的瞬间角位置，此外还能测出转轴的转速和转向。增量式光电编码器主要由光源、编码盘、检测光栅、光电检测器件和转换电路组成，其结构如图 5-2-8 所示。编码盘上刻有节距相等的辐射状透光缝隙，相邻两个缝隙之间代表一个增量周期 τ；检测光栅上刻有 3 个同心光栅，分别称为 A 相、B 相和 C 相光栅。A 相光栅与 B 相光栅上分别有间隔相等的透明和不透明区域，用于透光和遮光，A 相和 B 相在编码盘上互相错开半个节距。增量式光电编码器编码盘如图 5-2-9 所示。

当编码盘逆时针方向旋转时，A 相光栅先于 B 相光栅透光导通，A 相和 B 相光电元件接受时断时续的光；当编码盘顺时针方向旋转时，B 相光栅先于 A 相光栅透光导通，A 相和 B 相光电元件接受时断时续的光。根据 A、B 相任何一光栅输出脉冲数的多少就可以确定编码盘的相对转角；根据输出脉冲的频率可以确定编码盘的转速；采用适当的逻辑电路，根据 A、B 相光栅输出脉冲的相序就可以确定编码盘的旋转方向。可见，A、B 相光栅的输出为工作信号，而 C 相光栅的输出为标志信号。编码盘每旋转一周，发出一个标志信号脉冲，用来指示机械位置或对积累量清零。

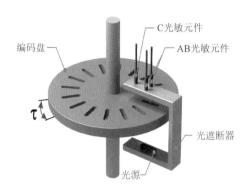

图5-2-8 增量式光电编码器（AR模型）

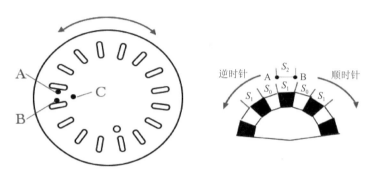

图5-2-9 增量式光电编码器编码盘

光电编码器的分辨率（分辨角）α是以编码器轴转动一周所产生的输出信号的基本周期数来表示的，即脉冲数每转（p/r）。编码盘旋转一周输出的脉冲信号数目取决于透光缝隙数目的多少，编码盘上刻的缝隙越多，编码器的分辨率就越高。假设编码盘的透光缝隙数目为 n，则分辨率 α 的计算公式为：

$$\alpha=(360°)/2^n$$

在工业中，根据不同的应用对象，通常可选择分辨率为 500 ~ 6 000 p/r 的增量式光电编码器，最高可以达到几万脉冲数每转。增量式光电编码器的优点有：原理构造简单，易于实现；机械平均寿命长，可达到几万小时以上；分辨率高；抗干扰能力较强，可靠性较高；信号传输距离较长，其缺点是：它无法直接读出转动轴的绝对位置信息。

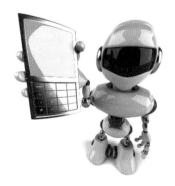

工业机器人控制系统的分类有哪些，你知道吗？

二、速度传感器

速度传感器是工业机器人中较重要的内部传感器之一，其输出有模拟式和数字式两种。由于在机器人中主要需测量的是机器人关节的运行速度，故这里仅介绍角速度传感器。目前广泛使用的角速度传感器有测速发电机和增量式光电编码器两种。测速发电机是应用最广泛，能直接得到代表转速的电压且具有良好实时性的一种速度测量传感器。增量式光电编码器既可以用来测量增量角位移，又可以测量瞬时角速度。

1. 测速发电机

测速发电机是一种用于检测机械转速的电磁装置，它能把机械转速变换为电压信号，其输出电压与输入的转速成正比，其实质是一种微型直流发电机，它的绕组和磁路经精确设计，其结构原理如图 5-2-10 所示。直流测速发电机的工作原理基于法拉第电磁感应定律，当通过线圈的磁通量恒定时，位于磁场中的线圈旋转使线圈两端产生的感应电动势与线圈转子的转速成正比，即：

$$U=kn$$

式中，U 为测速发电机的输出电压（V）；n 为测速发电机的转速；k 为比例系数。

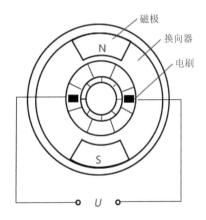

图5-2-10　测速发电机的原理

改变旋转方向时，输出电压的极性即相应改变。在被测机构与测速发电机同轴连接时，只要检测出输出电压，就能获得被测机构的转速，故又称速度传感器。测速发电机广泛用于各种速度或位置控制系统。在自动控制系统中，测速发电机作为检测速度的元件，以调节电动机转速或通过反馈来提高系统的稳定性和精度；在解算装置中既可作为微分、积分元件，也可作为用于加速或延迟信号，或用来测量各种运动机械在摆动、转动或直线运动时的速度。

2. 增量式光电编码器

增量式光电编码器在工业机器人中既可以用来作为位置传感器测量关节相对位置，又可以作为速度传感器测量关节速度。作为速度传感器时，既可以在模拟方式下使用，又可以在数字方式下使用，图 5-2-11 所示为增量式光电编码器的外形。

图5-2-11　增量式光电编码器

（1）模拟方式

在这种方式下，必须有一个频率电压（f/U）变换器，用来把编码器测得的脉冲频率转换成与速度成正比的模拟电压。f/U变换器必须有良好的零输入、零输出特性和较小的温度漂移，这样才能满足测试要求。

（2）数字方式

数字方式测速是指基于数学公式，利用计算机软件计算出速度。由于角速度是转角对时间的一阶导数，如果能测得单位时间内编码器转过的角度，则编码器在该时间段内的平均速度为：

$$\omega = \Delta\theta / \Delta t$$

单位时间取得越小，则所求的速度越接近瞬时转速；然而时间太短，编码器通过的脉冲数太少，又会导致所得到的速度分辨率下降。在实践中通常采用时间增量测量电路来解这一问题。

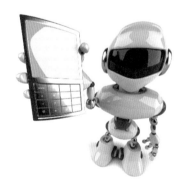

工业机器人控制系统结构是怎样的呢？

三、力觉传感器

力觉传感器用于测量两物体之间作用力的三个分量和力矩的三个分量。用于机器人的理想变送器是粘接在依从部件上的半导体应力计。

1. 金属电阻型力觉传感器

如果将已知应变系数为C值的金属导线（电阻丝）固定在物体表面上，那么当物体发生形变时，该电阻丝也会相应产生伸缩现象。因此，测定电阻丝的阻值变化，就可知道物体的形变量，进而求出外作用力。

将电阻体做成薄膜型，并贴在绝缘膜上使用。这样，可使测量部件小型化，并能大批生产质量相同的产品，这种产品所受的接触力比电阻大，因而能测定较大的力或力矩。此外，测量电流所产生的热量比电阻丝更易于散发，因此允许较大的测试电流通过。图5-2-12所示为一种金属电阻型力觉传感器，即称重传感器。

图5-2-12 称重传感器

2. 半导体型力觉传感器

在半导体晶体上施加压力，那么晶体的对称性将发生变化，即导电机理发生变化，从而使电阻值也发生变化，这种作用称为压电效应。半导体的应变系数可达100~200，如果适当选择半导体材料，则可获得正或负的应变系数值。此外，还研制出压阻膜片的应变仪，它不必贴在测定点上即可进行力的测量。图5-2-13所示是半导体型力觉传感器中的一种。

图5-2-13 半导体型力觉传感器

此外，也可以采用在玻璃、石英和云母片上蒸发半导体的办法制作压敏电子元件。其电阻温度比金属电阻型的要大，但其结构比较简单，尺寸小，灵敏度高，而且可靠性很高。

3. 其他力觉传感器

除了金属电阻型和半导体型力觉传感器外，还有磁性、压电式和利用弦振动原理制作的力觉传感器等。

当铁和镍等强磁体被磁化时，其长度将发生变化，或产生扭曲现象；反之，强磁体发生应变时，其磁性也将改变，这两种现象都称为磁致伸缩效应。利用后一种现象，可以测量力和力矩的大小。应用这种原理制成的应变计有纵向磁致伸缩管等，它可用于测量力的大小，是一种磁性力觉传感器。

如果将弦的一端固定，而在另一端加上张力，那么在此张力作用下，弦的振动频率发生变化。利用这个变化就能够测量力的大小，利用这种弦振动原理也可制成力觉传感器。

4. 转矩传感器

在传动装置驱动轴转速 n、功率 P 及转矩 T 之间，存在有 $T \propto p/n$ 的关系。如果转轴加上负载，那么就会产生扭力。若测量出该扭力，就能测出转矩。

轴的扭转应力以最大45°角的方式在轴表面呈螺旋状分布。如果在其最大方向(45°)安装上应变计，那么此应变计就会产生形变。测出该形变，即可求得转矩。

图 5-2-14 表示一个用光电传感器测量转矩的实例。将两个分割成相同扇形隙缝的圆片安装在转矩杆的两端，轴的扭转以两个圆片间相位差表现出来。测量经隙缝进入光电元件的光通量，即可求出扭转角的大小。采用两个光电元件，有利于提高输出电流，以便直接驱动转矩显示仪表。

5. 腕力传感器

例如，国际斯坦福研究所（SRI）设计的手腕力觉传感器如图 5-2-15 所示。它由 6 个小型差动变压器组成，能测量作用于腕部 X、Y 和 Z 这 3 个方向的力及各轴的转矩。

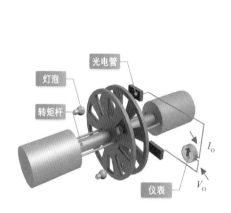

图5-2-14　光电式转矩传感器（AR模型）

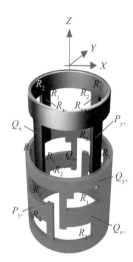

图5-2-15　简式腕力传感器（AR模型）

力觉传感器装在铝制圆筒形主体上。圆筒外侧由八根梁支撑，手指尖与腕部连接。当指尖受到力时，梁受其影响而变弯曲。从粘接在梁两侧的 8 组应力计（R_1 与 R_2 为一组）测得的信息，就能够算出加在 X、Y 和 Z 轴上的分力以及各轴的分转矩。

另一个腕力传感器的例子如图 5-2-16 所示。这种传感器做成十字形，它的 4 个臂上都装有传感器，并与圆柱形外罩装在一起。

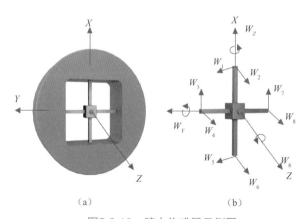

（a）　　　　　　　　　　（b）

图5-2-16　腕力传感器示例图

课后习题

1. 电位器式位移传感器可分为两大类，一类是＿＿＿＿＿＿电位器式位移传感器，另一类是＿＿＿＿＿＿电位器式位移传感器。

2. 光电编码器是集光、机、电技术于一体的数字化传感器，它利用光电转换原理将旋转信息转换电信息，并以＿＿＿＿＿＿输出，可以高精度地测量＿＿＿＿＿＿或＿＿＿＿＿＿位移。

学习任务三　工业机器人外部传感器

🔧 任务目标

- 通过学习工业机器人外部传感器原理和特点，分析事物本质问题，养成抓住事物本质问题的习惯。
- 通过抓住工业机器人各外部传感器的特征进行区别，养成观察、分析、总结规律的习惯。

📖 知识准备

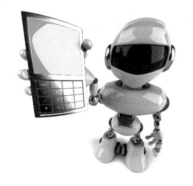

工业机器人外部传感器的工作原理是什么？

一、触觉传感器

触觉是人与外界环境直接接触时的重要感觉功能，研制满足要求的触觉传感器是机器人发展中的关键技术之一。随着微电子技术的发展和各种有机材料的出现，业内已经提出了多种多样的触觉传感器的研制方案。但是，目前大都属于实验室阶段，达到产品化的不多。触觉传感器按功能大致可分为接触觉传感器、力-力矩觉传感器、压觉传感器和滑觉传感器等。

接触觉传感器是用于判断机器人（主要指四肢）是否接触到外界物体或测量被接触物体特征的传感器。接触觉传感器有微动开关式、导电橡胶式、含碳海绵式、碳素纤维式、气动复位式等类型。

1. 微动开关式

它由弹簧和触头构成。触头接触外界物体后离开基板，造成信号通路断开，从而测到与外界物体的接触。这种常闭式（未接触时一直接通）微动开关的优点是使用方便，结构简单；缺点是易产生机械振荡，触头易氧化。其外形和结构组成如图 5-3-1 所示。

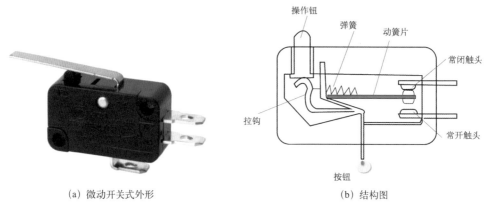

(a) 微动开关式外形   (b) 结构图

图5-3-1　微动开关式外形及其结构图

2. 导电橡胶式

它以导电橡胶为敏感元件。当触头接触外界物体受压后,压迫导电橡胶,使它的电阻发生改变,从而使流经导电橡胶的电流发生变化。这种传感器的缺点是,由于导电橡胶的材料配方存在差异,出现的漂移和滞后特性也不一致,但具有柔性的特点。其结构如图 5-3-2 所示。

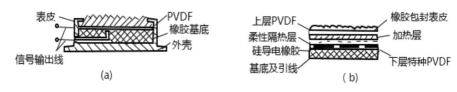

图5-3-2　导电橡胶式结构

3. 含碳海绵式

它在基板上装有海绵构成的弹性体,在海绵中按阵列布以含碳海绵。接触物体受压后,含碳海绵的电阻减少,测量流经含碳海绵电流的大小,可确定受压强度。这种传感器也可用作压觉传感器。优点是结构简单,弹性好,使用方便。缺点是碳素分布的均匀性直接影响测量结果,受压后恢复能力较差。其结构如图 5-3-3 所示。

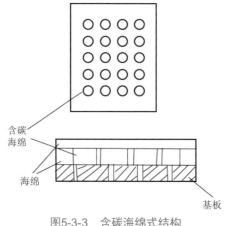

图5-3-3　含碳海绵式结构

4. 碳素纤维式

以碳素纤维为上表层，下表层为基板，中间装以氨基甲酸酯和金属电极。接触外界物体时，碳素纤维受压与电极接触导电。它的特点是柔性好，可装于机械手臂面处，但滞后较大。碳素纤维式传感器如图 5-3-4 所示。

图5-3-4　碳素纤维式传感器

5. 气动复位式

它有柔性绝缘表面，受压时变形，脱离接触时则由压缩空气作为复位的动力。与外界物体接触时，其内部的弹性圆泡（铍铜箔）与下部触点接触而导电。它的特点是柔性好，可靠性高，但需要压缩空气源。图 5-3-5 所示为气动传感器的一种（气囊传感器）。

图5-3-5　气囊传感器

工业机器人接近度传感器原理是怎样的呢？

二、应力传感器

应力应变传感器简称应力传感器。应力定义为"单位面积上所承受的附加内力"。应力应变是应力与应变的统称。最简单的应力应变传感器就是电阻应变片，直接贴装在被测物体表面就可以，应力是通过标定转换应变来的。物体受力产生变形时，特别是弹性元件体内各点处变形程度一般并不相同，用以描述一点处变形程度的力学量是该点的应变。应力应变式传感器是利用电阻应变片将应变转换为电阻变化的传感器。当被测物理量作用于弹性元件上，弹性元件在力矩或压力等的作用下发生变形，产生相应的应变或位移，然后传递给与之相连的应变片，引起应变片的电阻值变化，通过测量电路变成电量输出，输出的电量大小反映被测量即受力的大小。其结构如图 5-3-6 所示。

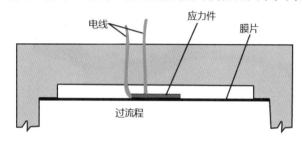

图5-3-6　应力传感器

工业机器人还有什么外部传感器？

三、接近度传感器

接近度传感器是检测物体接近程度的传感器。接近度可表示物体的来临、靠近或出现、离去或失踪等。接近度传感器在生产过程和日常生活中应用广泛，它除了可用于检测计数外，还可与继电器或其他执行元件组成接近开关，以实现设备的自动控制和操作人员的安全保护，特别是工业机器人在发现前方有障碍物时，可限制机器人的运动范围，以避免与障碍物发生碰撞等。接近度传感器的制造方法有多种，可分为磁感应器式和振荡器式两类。图 5-3-7 所示为接近度传感器的一种（接近开关）。

1. 磁感应器式接近度传感器

按构成原理不同，磁感应器式接近度传感器又可分为线圈磁铁式、电涡流式和霍耳式。

① 线圈磁铁式：它由装在壳体内的一块小永磁铁和绕在磁铁上的线圈构成。当被测物体进入永磁铁的磁场时，就在线圈里感应出电压信号。

② 电涡流式：它由线圈、激励电路和测量电路组成（见电涡流式传感器）。它的线圈受激励而产生交变磁场，当金属物体接近时就会由于电涡流效应而输出电信号。

③ 霍耳式：它由霍耳元件或磁敏二极管、晶体管构成（见半导体磁敏元件），当磁敏元件进入磁场时就产生霍尔电动势，从而能检测出引起磁场变化的物体的接近。

磁感应器式接近度传感器有多种灵活的结构形式,以适应不同的应用场合,它可直接用于对传送带上经过的金属物品计数,也可做成空心管状对管中落下的小金属品计数,还可套在钻头外面,在钻头断损时发出信号,使机床自动停车。图5-3-8所示即为其中一种传感器。

图5-3-7　接近开关　　　　　　图5-3-8　磁感应器式接近度传感器

2. 振荡器式接近度传感器

振荡器式接近度传感器有两种形式:一种形式利用组成振荡器的线圈作为敏感部分,进入线圈磁场的物体会吸收磁场能量而使振荡器停振,从而改变晶体管集电极电流来推动继电器或其他控制装置工作;另一种形式采用一块与振荡回路接通的金属板作为敏感部分,当物体靠近金属板时便形成耦合"电容器",从而改变振荡条件,导致振荡器停振,这种传感器又称为电容式继电器,常用于宣传广告中实现电灯或电动机的接通或断开、门和电梯的自动控制、防盗报警、安全保护装置以及产品计数等。图5-3-9所示即为振荡器式接近度传感器。

图5-3-9　振荡器式接近度传感器

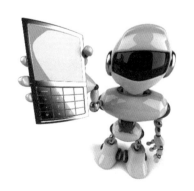

工业机器人还有什么外部传感器呢?

四、其他传感器

1. 声觉传感器

声觉传感器主要用于感受和解释在气体（非接触式感受）、液体或固体（接触式感受）中的声波。声波传感器的复杂程度可从简单的声波存在检测，到复杂的声波频率分析和对连续自然语言中单独语音和词汇辨别。

可把人工语音感觉技术用于机器人。在工业环境中，机器人感觉某些声音是有用的；有些声音（如爆炸）可能意味着危险，另一些声音（如叫声）可能用作命令。声音识别系统已经越来越多地获得应用。其外形如图 5-3-10 所示。

2. 温度传感器

温度传感器有接触式和非接触式两种，均可用于工业机器人。当机器人自主运行时，或者不需要人在场时，或者需要知道温度信号时，温度感觉特性是很用的。有必要提高温度传感器（如测量钢液温度）的精度及区域反应能力。通过改进热电电视摄像机的特性，感觉温度图像方面已取得显著进展。两种常用的温度传感器为热敏电阻和热电偶。这两种传感器必须和被测物体保持实际接触，热敏电阻的阻值与温度成正比变化，热电偶能够产生一个与两温度差成正比的小电压。图 5-3-11 所示即为温度传感器的一种。

图5-3-10　声音传感器

图5-3-11　温度传感器

3. 滑觉传感器

滑觉传感器主要检测物体的滑动。当机器人抓住特性未知的物体时，必须确定最适合的握力值。为此，需要检测出握力不够时所产生的物体滑动信号，然后利用这个信号，在不损坏物体的情况下，牢牢地抓住该物体。

现在应用的滑觉传感器主要有两种：一是利用光学系统的滑觉传感器，二是利用晶体接收器的滑觉传感器。前者的检测灵敏度随着滑动方向不同而异，后者的检测灵敏度则与滑觉方向无关。其结构如图 5-3-12 所示。

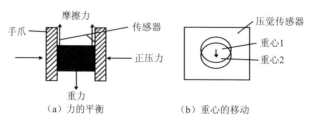

图5-3-12　滑觉传感器及其结构

4. 视觉传感系统

机器视觉系统是一种非接触式的光学传感器系统，同时集成软硬件，综合现代计算机、光学、电子技术，能够自动地从所采集到的图像中获取信息或者产生控制动作。机器视觉系统的具体应用需求千差万别，视觉系统本身也可能有多种形式，但都包括三个步骤：首先，利用光源照射被测物体，通过光学成像系统采集视频图像，相机和图像采集卡将光学图像转换为数字图像；然后，计算机通过图像处理软件对图像进行处理，分析获取其中的有用信息，这是整个机器视觉系统的核心；最后，图像处理获得的信息最终用于对对象（被测物体、环境）的判断，并形成相应的控制指令，发送给相应的机构。

在整个过程中，被测对象的信息反映为图像信息，进而经过分析，从中得到特征描述信息，最后根据获得的特征进行判断和动作。最典型的机器人视觉系统包括：光源、光学成像系统、相机、图像采集卡、图像处理硬件平台、图像和视觉信息处理软件及通信模块，如图 5-3-13 所示。

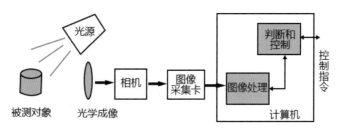

图5-3-13　视觉传感系统

课后习题

1. 接触型传感器有哪些？

2. 接近度传感器是检测物体_____的传感器。

3. 应力应变式传感器是利用电阻应变片将应变转换为_____变化的传感器。

4. 声觉传感器主要用于感受和解释在气体（非接触式感受）、液体或固体（接触式感受）中的_____。

5. 机器视觉系统是一种非接触式的_____传感器系统，同时集成软硬件，综合现代计算机、光学、电子技术，能够自动地从所采集到的_____中获取信息或者产生控制动作。机器视觉系统是一种非接触式的光学传感器系统，同时集成软硬件，综合现代计算机、光学、电子技术，能够自动地从所采集到的_____中获取信息或者产生控制动作。